无人机电磁兼容工程

王保平　杨博　张朋　叶烽　宋祖勋

郭陈江　方阳　孙超　马健钧　编著

U0260108

国防工业出版社

·北京·

内 容 简 介

本书结合国内外研究进展和实际工程经验,对无人机电磁兼容问题进行了深入探讨。

本书分为 12 章,主要内容包括无人机电磁兼容基本知识、无人机系统电磁兼容问题、无人机系统电磁兼容分析与设计、电磁干扰的控制与防护(包括电磁屏蔽,滤波,接地与搭接,元器件、线缆、连接器 EMI 控制,静电与电磁脉冲防护等)、电磁兼容的测量与诊断、无人机系统电磁环境效应试验以及电磁兼容工程管理等。

本书可供无人机设计和研发人员参考,也适合高等院校相关专业研究生和相关研究所的研究人员阅读。

图书在版编目(CIP)数据

无人机电磁兼容工程 / 王保平等编著. — 北京：
国防工业出版社,2019.12
ISBN 978 - 7 - 118 - 11778 - 3

Ⅰ. ①无… Ⅱ. ①王… Ⅲ. ①无人驾驶飞机 - 电磁兼容性 - 研究 Ⅳ. ①V279

中国版本图书馆 CIP 数据核字(2019)第 044280 号

※

国防工业出版社出版发行
(北京市海淀区紫竹院南路 23 号　邮政编码 100048)
三河市德鑫印刷厂印刷
新华书店经售

*

开本 710×1000　1/16　印张 15¾　字数 288 千字
2019 年 12 月第 1 版第 1 次印刷　印数 1—1500 册　定价 89.00 元

(本书如有印装错误,我社负责调换)

国防书店:(010)88540777　　　发行邮购:(010)88540776
发行传真:(010)88540755　　　发行业务:(010)88540717

前　　言

无人机电磁兼容是无人机工程领域的重要问题。随着无人机技术的迅猛发展,其电磁兼容问题也日益突出。

首先,随着技术的发展,电子对抗与反对抗的日益加剧,更大功率发射设备不断投入使用,人为电磁环境进一步恶化,使得无人机系统处于高密度、高强度的电磁干扰包围中。

其次,无人机是一种特殊的飞行平台,其特点更加突出了电磁兼容问题。由于无人机体积较小,天线和电子设备布设在狭小的空间内,导致电磁干扰密集。由于受到机上重量限制,不能大量采用屏蔽与滤波措施,因此电磁干扰更为严重。无人机机体大量采用复合材料,机内电子设备所承受的电场要比有人机大得多,电磁波在机体内外的反射、散射与绕射等电磁传播问题更复杂。

另外,无人机的机载设备和地面支持设备也会带来一些电磁兼容难题,例如活塞式发动机的火花干扰有时正好落在有用频带之内,它将给接收机的灵敏度造成很大影响。

笔者在无人机电磁兼容领域工作多年,积累了丰富的工作经验,本书是对无人机工程实践经验的总结,可供无人机设计和研发人员参考,也适合高等学校相关专业研究生阅读。通过阅读本书,读者可以了解电磁兼容的基本知识,了解无人机电磁兼容工程的基本规律,增加解决无人机电磁兼容问题的工程实践能力。

本书包括以下几方面的内容:

- 电磁兼容基本知识。
- 无人机电磁兼容问题。
- 无人机电磁兼容的分析、设计、测量与诊断。
- 电磁环境效应试验。
- 无人机电磁兼容工程管理。

以上内容,涵盖了我们解决无人机电磁兼容问题的步骤:首先进行电磁兼容分析(第3章);在此基础上,进行电磁兼容设计(第4~9章);最后,对设计的效果进行测试(第10、11章)。为了有条不紊地完成上述步骤,需要把电磁兼容工作纳入工程管理的范畴(第12章)。读者在使用本书时,可以根据需要,参考相应的章节。

本书是在西北工业大学无人机特种技术国防科技重点实验室的大力支持下完成的。杨博编写了第 1 章,叶烽编写了第 3 章,郭陈江编写了第 5 章,张朋编写了第 10 章,宋祖勋编写了第 11 章,孙超、方阳、马健钧共同编写了第 2 章和第 12 章,王保平编写了其余几章,最后由叶烽修改定稿。

由于笔者水平有限,疏漏之处在所难免,敬请读者批评指正。

王保平

目　　录

第1章　无人机电磁兼容背景知识

本章是对一些基本知识的介绍,为读者阅读本书提供一些背景知识方面的帮助。首先,对无人机系统进行了介绍,包括无人机的概念、类型、功能、发展等;接着,给出电磁兼容的定义、电磁兼容三要素等概念;然后,论述了电磁兼容的重要性;最后介绍了电磁兼容的标准与规范。电磁兼容标准和规范对电磁兼容工程具有重要指导作用。掌握本章的知识,是进一步理解本书其他章节的基础。电磁兼容有很多术语,阅读本书时可能需要经常查阅术语表。

1.1　无人机系统介绍

无人驾驶飞机,简称无人机,是一种以无线电遥控或由自身程序控制的不载人飞机。自1916年世界上第一架无人机问世以来,无人机已经有了百年的历史。现在,无人机系统的发展日益受到重视。

1.1.1　无人机的类型与功能

无人机种类日益丰富,涉及无人侦察机、无人战斗机和无人直升机等涵盖不同任务的多种机型。

长航时无人侦察机是一种飞行时间长,能昼夜持续进行空中探测和侦察任务的无人机。目前世界高空型长航时无人机多数飞行高度在18000m以上,续航时间不少于24h。中空型长航时无人机通常飞行高度几千米,续航时间不少于12h。由于这类无人机的飞行时间特别长,常被称为"大气层人造卫星",已成为无人战略侦察机的主要发展趋势,是未来战争侦察卫星的重要补充和增强手段。

中短程无人侦察机是活动半径在700~1000km范围内的无人机。该型无人机飞行速度多为高亚声速或超声速。它主要用于大面积快速可见光照相侦察或红外与电视摄像侦察,能够实时传输。有高空型和中低空型两种类型。目前,高空型中程无人侦察机已发展到升限30000m以上,飞行马赫数达到3以上的水平。近年来,世界主要军事强国一方面继续在发展大型高超声速中程无人侦察机,另一方面正在发展具有超低飞行能力的中低空中程无人侦察机。

无人战斗机是集探测、识别决断和作战功能于一体的无人机系统,可对空、对地、对海作战。它具有无人驾驶、可自主控制或遥控、可回收、可重复使用的特征。无人战斗机概念出现于 20 世纪 90 年代中期,它是现代政治、军事需求与科学技术发展到信息时代的产物,是在无人机、有人作战飞机基础上向更高技术和更高作战能力方向深入发展的一种全新武器系统。作为信息化武器装备的产物,无人战斗机已经成为世界军事强国继第四代战斗机之后下一代战斗机的发展方向。

无人机可以用于照相侦察、抛撒传单、搜集信号情报、实施电子对抗、布设雷达干扰箔条、释放防空火力诱饵、标识防空阵地位置以及为武器系统提供目标定位、目标指示、目标动态监视和目标毁伤评估实时情报等,涵盖了攻击、侦察、搜救、特种作战、中继、诱导、预警和后勤保障等多种任务。

除上述军事应用外,无人机在航拍、农业、植保、快递运输、灾难救援、观察野生动物、监控传染病、应急救灾、测绘、新闻报道、电力巡检、救灾等民用领域也有广泛的应用。

无人机的主要军事功能有以下几个。

1)作为靶机

这是无人机的最初用途,可用于地面防空和空中格斗武器的试验与训练。例如,美国瑞安公司的 BQM-34 靶机飞行马赫数为 1.5,飞行高度达 $1.83 \times 10^4 \text{m}$,可用于模拟敌方战斗机。面对日益严重的反舰导弹的威胁,美国海军还开发了 BQM-74C 型掠海飞行无人机,用于评估舰载反导系统。

2)侦察监视

这也是无人机最早的用途之一。无人侦察机可以深入阵地前沿和敌后一二百千米,甚至更远的距离。它依靠装在机上的可见光照相机、电影摄影机、标准或微光电视摄像机、红外扫描器和雷达等设备,完成各种侦察和监视任务。一般来说,一架无人机可携带一种或几种侦察设备,按预定的程序或地面指令进行工作,最后将所获得的信息和图像随时传送回地面,供有关部门使用;也可以将获得的所有信息记录下来,待无人机回收时一次取用。随着高新技术的发展和应用,无人机上的设备性能也在不断提高,同时还增加了一些新的装备,如装备卫星导航系统后,无人机可与侦察卫星和有人驾驶侦察机配合使用,形成高、中、低空,多层次、多方位的立体空中侦察监视网,使所获得的情报信息更加准确、可靠。

3)骗敌诱饵

使用无人机吸引敌方的火力或整个防空系统,进而将其破坏或摧毁,是近一二十年人们为无人机开发出的无人驾驶飞机新用途。作为诱饵之用的无人机,其主要使命是协同其他电子侦察设备遂行诱骗侦察,或作为突防工具,为有人驾驶飞机提供防空压制,或与反辐射武器配合使用,压制和摧毁敌防空系统。一般来说,在执行诱骗任务时,诱骗无人机先在前沿阵地上空模仿有人驾驶飞机作战术飞行,刺激或诱发敌防空武器系统中的雷达开机,然后己方侦察设备趁机完成侦察任务。用作突防工具时,无人机先于己方的攻击机群从侧面到达敌防空体系所保护的目标区,迷惑敌方雷达,消耗敌防空兵器。这些无人机由于采用了增大雷达反射截面积和信号强度等措施,具有很强的欺骗性。敌方的雷达将首先截获到这些假目标,但很难识别,导致把这些错误的情报传递到敌火控雷达系统和防空武器。这样,一方面可使敌防空雷达网在对付这些假目标上消耗大量时间,另一方面敌武器系统会对其开火或发射导弹,消耗防空火力,从而降低对己方攻击机的威胁。

4)实施干扰

对系统进行干扰,使其通信中断、指挥失灵。目前发展的趋势是向干扰雷达和干扰通信同时进行的方向发展。因为要想使敌方地域的所有雷达都受到完全干扰是不大可能的,那么未受干扰压制的雷达所获得的有关目标的信息,可以通过通信线路传送到已受干扰雷达阵地上。所以,只有在干扰雷达时,对通信系统也予以干扰,才能使敌方高炮和导弹阵地无法得到所需要的情报信息。为此,一架无人机可同时装备两种或两种以上的干扰设备,根据需要灵活运用;也可以是两种或多种不同用途的无人机或无人机与电子战飞机之间的协同作战。在光电对抗中,无人机的作用潜力也是十分引人注目的,它可以装备烟雾装置,瓦解敌方的光电制导武器的进攻;也可以装备闪光灯具,作为红外诱饵,引偏敌方的红外制导武器;还可以利用它机动灵活和滞空时间长的特点,把携带的曳光弹准确地投放到所需的位置上。

5)对地攻击

无人机也能携带多种对地攻击武器,飞往前线或深入敌占区纵深,对地面军事目标进行打击;它可以用空对地导弹或炸弹对敌防空武器实施压制;用反坦克导弹等对坦克或坦克群进行攻击;用集束炸弹等武器对地面部队集结点等进行轰炸。特别值得一提的是反辐射攻击无人机。这是一种利用敌方雷达辐射的电磁波信号,发现、跟踪,直至最后摧毁雷达的武器系统。它不仅可用于攻击敌方雷达、干扰机和其他辐射源,而且高速反辐射无人机加装复合制导装置等设备后,还可用于攻击敌预警机和专用电子干扰飞机。

6)校射作用

其主要用于火力引导和射击效果评估。美国洛克希德公司生产的"苍鹰"就是这样一款无人机。它装有测距机、自动跟踪电视摄像机、激光指示器和热成像仪,可通过抗干扰的数据链向地面传送位置修正指令,能为"铜斑蛇"激光制导炮弹和机载"海尔法"反坦克导弹指示目标。

7）通信中继

如美国的"先锋"式无人机装有抗干扰扩频通信设备、大功率固态放大器、全向甚高频和超高频无线电台中继设备等,可在 C 波段进行数据、信号、语音和图像通信,通信距离为 185km。

1.1.2　无人机日益受到重视

军用无人机经过越南战争、中东战争、海湾战争、科索沃战争、阿富汗战争、伊拉克战争等多次实战使用考验,有效地完成了军事任务,"全球鹰""捕食者"等无人机在近几场局部战争中得到广泛运用,在情报搜集、空中支援作战行动中发挥了不可替代的作用。

无人机的表现引起了各国军事决策层的高度重视,对无人机在现代战争中的地位作用及其潜在的军事价值有了更加明确的认识。

为了占领未来战场的制高点,世界各国纷纷投入巨资发展无人机技术。目前,无人机的发展呈现出前所未有的热潮。世界上绝大多数国家的军队都装备了无人机,30 多个国家从事无人机的研制和生产。先后有 4000 余种型号无人机问世。世界各航空大国,不仅较早地认识到无人机的重要作用,而且在研制开发新的无人机上也处于领先地位,试图通过早研制、早使用、早更新,保持其在军事领域的综合优势。

无人机正朝着查打一体化、滞空长时化、高度智能化、功能集成化、机体微型化和飞行隐身化的方向发展。

1.1.3　无人机系统组成

图 1 - 1 所示为我国自行研制的 ASN - 206 通用小型无人机。图 1 - 1(a)所示为无人机升空状态,图 1 - 1(b)所示为主测控站。

(a) 无人机升空状态　　　　　　　　　　(b) 主测控站

图 1 - 1　ASN - 206 通用小型无人机

无人机系统由两大部分组成:机载与地面支持分系统。地面支持设备(Ground Support Equipment,GSE)通常按型号规范配置,表1-1列出了常见的与电磁兼容有关的设备与分系统。设备的功能是使无人机能迅速、安全、可靠地发射以及回收和完成各种战术功能,如快速、准确地处理侦察成果,及时与上级、友邻部队联系,保证无人机的机动性、独立性,能对飞机发动机、电子设备、任务设备进行维修和运输等。

表1-1 无人机组成

分类	名称	分类	名称	分类	名称
机载	机体	无线电设备	遥控接收机	机载电子对抗任务设备	通信电子干扰机
	动力装置		图像遥测发射机		测向接收机
	开伞回收分系统		中继转发装置		通信侦察引导接收机
	舵机分系统		天线与馈电设备		雷达有源无源对抗设备
	机上电缆		导航定位装置		雷达寻的接收机
	切割器火头	机载侦察校射任务设备	照相侦察设备	机载靶标任务设备	电视导引设备
	陀螺		电视侦察设备		雷达回波增强器
	机载电源		红外侦察设备		雷达信标机
	飞行控制与管理计算机		合成孔径雷达		脱靶量指示器
	传感装置		平台与定位校射分系统		红外增强器
			激光测高仪		
地面支持分系统	遥控发射机	地面支持分系统	电源车		
	图像遥测接收机		发射回收车		
	方位接收机		照相洗印车		
	跟踪天线与馈线		情报判读编辑车		
	飞行控制与航迹控制设备		电子对抗车		
	任务操纵设备		任务设备准备车		
	参数显示设备		电子设备维护车		
	遥控发射机		地面通信分系统		
	图像遥测接收机				
	方位接收机				
	跟踪天线与馈线				

（地面支持分系统的主控站包含:遥控发射机、图像遥测接收机、方位接收机、跟踪天线与馈线、飞行控制与航迹控制设备、任务操纵设备、参数显示设备;副站包含:遥控发射机、图像遥测接收机、方位接收机、跟踪天线与馈线）

关于表1-1有以下几点说明。

（1）该表所列设备并没有涵盖无人机的所有设备,即便如此,也可以看出系统组成的复杂程度。

（2）表1-1中的某一项可能包含许多设备,如传感装置就有高度、空速、转速、发动机缸温、油量及加速度等设备。

（3）不同用途的无人机将选择相关的机载及任务设备项目。

1.1.4　无人机的优势和劣势

无人机与有人机相比,其优点是:成本低,效费比高;无人员伤亡和被俘危险;生存力强,容易修复;机动性好,便于作战。无人侦察机可以不分昼夜地根据需要实时搜集和传送情报,无需操作手去冒任何风险。无人机在军事领域正逐步替代有人平台,承担越来越多的军事任务。

不过,无人机也存在一定的劣势。例如,无人机很容易受到电磁干扰的影响,这也是本书所要讨论的问题。

1.2　电磁兼容概述

1.2.1　电磁兼容问题的提出

电磁兼容问题是英国人于 1932 年提出来的,20 世纪 50 年代美国人发现电爆管可能由于暴露在射频场中发生误爆。20 世纪 60 年代初,美国开始制订较全面的电磁辐射对军械危害(Hazards of Electromagnetic Radiation to Ordnance, HERO)的研究计划,取得了不少成果。现在,人们已经意识到,电磁兼容问题包含的范围与现象十分广泛,涉及通信、计算机科学、电力、铁道、造船、兵器工业、航空航天、核物理和环保等领域,出现不兼容的现象比比皆是。

1.2.2　电磁兼容的定义

根据国家军用标准《电磁干扰和电磁兼容性名词术语》(GJB 72A—2002),电磁兼容(Electromagnetic Compatibility,EMC)的定义为:"设备不会由于受到处于同一电磁环境中其他设备的电磁发射导致或遭受到不允许的降级,它也不会使同一电磁环境中其他设备(分系统、系统)因受其电磁发射导致或遭受不允许的降级"。从定义中可以看到电磁兼容涉及两个方面:一是设备承受电磁干扰的能力,即电磁敏感度(Electromagnetic Susceptibility,EMS);二是设备自身产生的电磁干扰(Electromagnetic Interference,EMI)。

国际电工技术委员会编写的《电磁兼容术语》(IEC 60050(161))对电磁兼容所下的定义为:"设备或系统在其电磁环境中能正常工作且不对该环境中任何事物构成不能承受的电磁骚扰的能力"。这里需要对骚扰(disturbance)和干扰(interference)的概念进行区分,电磁骚扰仅是客观存在的一种电磁现象,它不能计较引起的后果。电磁干扰是由电磁骚扰引起的后果。

电磁兼容工作就是要提高设备承受干扰的能力,同时限制设备自身产生的电磁干扰。如果所有的装置都能和谐共处在一起,那么这个环境将是电磁兼容的。

1.2.3 电磁兼容三要素

电磁兼容性三要素,即干扰源(发射源)、传输途径(耦合途径)、敏感设备(接受器)。

在电磁兼容领域,干扰源或发射源是指发射电磁骚扰的源,即可能发射骚扰电压、电流和电磁场的装置、设备或系统,不能仅仅理解为无线电通信系统中的干扰源。比如,当考虑静电放电现象时,人的身体或一件家具都可能是这个源。

传输途径或耦合途径,指位于干扰源和接受器之间的介质,是部分或全部电磁能量从源传输到另一电路或装置所经由的路径。

敏感设备或接受器,指受电磁骚扰的影响,性能可能降低的装置、设备或系统。注意某些装置可能同时属于干扰源和接受器。

1.2.3.1 干扰源

为了减少和控制干扰的产生,做好电磁兼容设计和防护等工程工作,从源头解决电磁干扰问题,需要研究干扰的来源、干扰产生的机理、干扰的种类和干扰的特性等。

电磁干扰分类在各种书籍和文献中都不一样,原因在于分类的角度不同。这里介绍的几种分类是以电磁兼容国家标准与国家军用标准中常见的名词术语综合而成。研究分类的目的在于搞清楚干扰的来源、性质与特性以及可能的传播途径,以便防止或减少干扰及影响。

1)按干扰产生的机理分类

(1)自然干扰(natural interference):来源于自然现象,而不是由机器或其他人工装置产生的电磁干扰。

(2)人为干扰(man - made interference):由机器或其他人工装置产生的电磁干扰。

2)按干扰的波形分类

(1)正弦干扰(sinusoidal interference)。

(2)非正弦干扰(non sinusoidal interference)。

(3)脉冲干扰(impulsive interference)。

不同的波形对不同检波方式的测量接收机(或频谱仪)的响应是不一样的,这涉及电磁兼容民用标准和军用标准的要求不同。

3)按干扰的频率分类

(1)低频干扰(low frequency interference)。

（2）高频干扰（high frequency interference）。

电磁兼容民用标准中规定 0～9kHz 为低频,9kHz～400GHz 为高频。

4）按干扰在系统或电路中的作用分类

（1）有意（功能性）干扰（intentional/functional interference）：在系统或设备中,某个部分的正常工作会干扰该系统或设备中另一部分的正常工作,如计算机中的时钟脉冲、接收机的本振等。

（2）无意（非功能性）干扰（unintentional/nonfunctional interference）：非功能性干扰源产生的电磁能量是无用的,也可能是在产生有用辐射时或进行有益工作时形成的副产品,如点火装置、电子噪声等。

5）按干扰在电磁环境中的地位分类

（1）系统内干扰（intra - system interference）：系统中出现的由本系统内部电磁骚扰引起的电磁干扰。

（2）系统间干扰（inter - system interference）：由其他系统产生的电磁骚扰对一个系统造成的电磁干扰。

6）按干扰对电路作用的形式分类

（1）差模干扰（differential mode interference）。

（2）共模干扰（common mode interference）。

差模干扰为线间感应噪声,它是相互靠近或平行导线等通过电路电流产生的磁通使两电路间形成相互感应的电动势而产生的干扰,它与地线无关。图 1 -2 所示为形成差模干扰机理的几个例子。

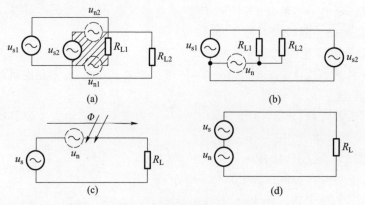

图 1 - 2　差模干扰产生例子

图 1 - 2（a）所示为两电路有交链面积时,两电路间产生的感应电动势形成差模干扰 u_{n1}、u_{n2}。

图 1 - 2（b）所示为两电路共用一电流通路时,有导线电阻产生电压降 u_n,该电压正比于两电路电流之和。

8

图 1 - 2(c)所示为两个相互靠近的电路,如导线捆扎成束或印制电路板平行走线时,导线中产生磁通 Φ 交链到另一电路上形成差模电压。

图 1 - 2(d)所示电路本身的原因如寄生振荡 u_n 形成差模干扰。

图 1 - 3 所示为差模干扰等效电路。图 1 - 3(a)是在 Z_n 较小时的差模干扰电压源等效电路;图 1 - 3(b)是 Z_n 较大时的差模干扰电流源等效电路。不难看出,差模干扰是叠加在信号上的,会对电路产生直接影响。

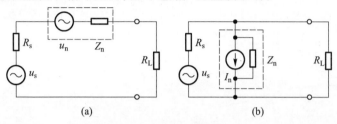

(a)   (b)

图 1 - 3　差模干扰等效电路

共模干扰是噪声侵入线路和地之间,在信号线与地之间传输的一种干扰,如:电路接地不合理,由两接地点间的微小电阻产生的接地电位差;电源通过电路的漏电阻对系统接地线所产生的电位波动。由交流供电设备,用电源变压器的初、次级间电容耦合、整流、滤波电路、信号传输电路与地之间存在的杂散电容所构成的接地回路,都是产生共模干扰的例子。在与地线及接地有关的电路中,都应考虑共模干扰产生的可能。

图 1 - 4 所示为共模干扰等效电路。从等效电路似乎看不出共模干扰对电路有什么直接影响。但由于共模干扰通常幅度大,若电路不对称,即 $Z_{n1} \neq Z_{n2}$,就会转化为差模电压,对电路产生影响。

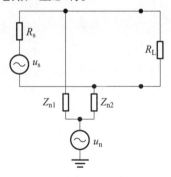

图 1 - 4　共模干扰等效电路

由图 1 - 5 所示为直流电压信号受到差模、共模干扰后不同状态的时域波形。由图可以看出,差模信号干扰直流信号为两信号相加(图 1 - 5(b)),但不形成基准点电位的变化;而共模干扰所造成的结果将导致基准点电位的变化

（图1–5(c)）。因而从某种意义上讲,共模干扰的危害将更加严重和难以处理（类似于晶体管工作点发生漂移）。

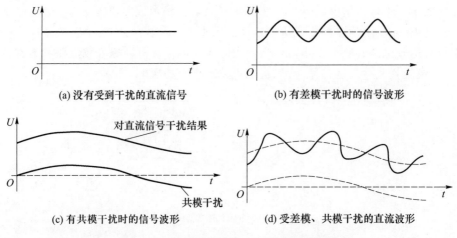

(a) 没有受到干扰的直流信号　　　　　(b) 有差模干扰时的信号波形

(c) 有共模干扰时的信号波形　　　　　(d) 受差模、共模干扰的直流波形

图1–5　直流电压信号受干扰的时域波形

上面提到的人为干扰在系统中常常会发生某一设备的有用信号,对另一设备是不希望的信号或"干扰"。因此,任何一个电子设备都可能成为另一设备的干扰源。应指出的是为电子对抗而专门设置的干扰不属于电磁兼容研究的范畴。

在人为干扰中,工业干扰最为复杂,其主要干扰源有以下几个。

（1）连续干扰源,如工业加温装置、高频或感应电炉、医疗设备及部分家用电器等。

（2）脉冲干扰源,如点火系统、电动机干扰、电弧焊设备、气体放电光源、接触线路、供电电源负载的变化等。

（3）与直接使用电磁能无关的干扰源,如飞机壳体与空气、尘粒、烟尘、雪片等摩擦而产生的静电,飞机机翼端部的感应电荷等。

（4）受电磁场照射的可变接触——接触干扰源,如在直升机上具有较大接触干扰的起伏分量、在铁路运输工具上有较大的接触干扰的脉冲分量、在汽车和飞机运动时可以生成起伏分量和脉冲分量形成的接触干扰。

设备自身产生的干扰有时十分明显,有时难以发现,如接收机中的第2中频和第3中频、控制电路的时钟脉冲等。

电磁干扰源在电磁兼容中不仅仅以干扰别的设备的面貌出现,而且也会被别的干扰信号干扰或自己发出的干扰信号干扰。例如,接收机也会产生干扰信号,通过壳体辐射影响其自身的灵敏度指标,又如发射机的辐射信号会干扰其自身的功率控制电路,使发射机停止工作(在无人机研制工作中遇到过发射机干扰自己而停止工作的情况)。

因此,任何电子设备(包括含电子设备的其他设备)都是干扰信号产生的源头,同时又是干扰信号的接收者 – 敏感设备。

分析电磁干扰性质时必须要有辩证的思维方式,这点对电磁兼容工程工作非常重要。例如,干扰信号和有用信号是相对的,有些信号在某一条件下是有用的,但在条件改变时该信号就成为干扰信号了,即信号的性质不是一成不变的。

1.2.3.2 传输途径

干扰传输的途径主要有传导耦合和辐射耦合,由此形成传导干扰和辐射干扰。

研究干扰传输途径的目的是:

(1)建立干扰传输耦合的数学模型,为电磁兼容预测做好数学准备。

(2)切断干扰途径,达到电磁兼容。

(3)控制和减少到敏感设备的干扰电平。

传导耦合要求干扰源到接受器之间必须有完整的电路连接。通常有 3 种耦合通道,即公共电源、公共地回路、信号线之间的近场感应。

就其本质来讲,传导耦合都是集总参数的互阻抗(或导纳)耦合。

辐射耦合是电磁场通过空间耦合到接受设备,由此形成的干扰称为辐射干扰。辐射干扰按照国标《电工术语 电磁兼容》(GB/T 4365—2003)定义为通过空间以电磁波形成的电磁干扰,按照国军标《电磁干扰和电磁兼容性名词术语》(GJB 72A—2002)定义为由任何部件、天线、电缆或连接线辐射的电磁干扰。凡存在火花放电、电晕放电现象,有开关电路、非线性电路(包括振荡电路)、数字电路和接收机、发射机电路的设备,都是辐射干扰的源泉,静电放电、雷电及核电磁脉冲也属于电磁辐射干扰的范畴。

辐射干扰的大小与众多因素有关,如辐射干扰信号与频率的大小、干扰源到接受设备的距离、接收设备的外形尺寸与极化方式等因素都有关,对它的研究要比传导干扰复杂得多。

对设备而言,辐射干扰的辐射途径是多方面的,举例如下:

(1)通过天线。

(2)透过设备的机壳向外辐射,透过各种缝隙如轴孔、连接器孔、通风散热孔、仪表孔等。

(3)设备之间的连接电缆、电线和连接器。

(4)印制电路板器件的连线(尤其在高速数据处理板中),甚至器件的引线。

(5)其他途径等。

从理论上分析,干扰传输的途径主要有传导耦合和辐射耦合,而实际问题并非如此简单。在复杂的大系统中,如在多层印制电路板和大规模集成电路中,干扰的耦合是错综复杂的。除了传导耦合和辐射耦合、导线间的互耦外,还会产生传导和辐射耦合的相互转换,甚至还会产生潜电路干扰。潜电路是指用正常的分析方法分析不出来的干扰路线。这一切给干扰的途径分析带来许多不可知因素,在解决电磁兼容问题时,分析干扰传输途径是最困难的。尤其在设备敏感时,电磁兼容分析的第一个问题就是干扰从什么地方进来的。

干扰的耦合途径有时不是一成不变的,辐射干扰与传导干扰也不是绝对的,它们之间有可能相互转化。如电缆上的传导干扰,若电缆长度可以和传导干扰的波长比拟时,则该传导干扰就有可能通过电缆辐射而变成辐射干扰。同样地,辐射干扰通过电缆的感应进入电路就表现为传导干扰,也就是说同一个干扰源可能产生两种类型的干扰,这是电磁干扰分析中令人困惑的地方。所以,电磁兼容工程师不仅要有一定的实践经验,还应具有一定的辩证思维。

干扰信号从干扰源到敏感设备的耦合途径虽然只有传导和辐射两种,但在不兼容时要寻找干扰从什么渠道进入却不是那么容易,因此,对干扰耦合途径的研究是抗干扰三要素中最重要的一环。

1.2.3.3 敏感设备

敏感设备从广义来讲是指受干扰影响的系统、设备或电路。

电磁环境(电磁干扰)对系统或设备性能的影响最终取决于受干扰的敏感设备(接受器)对干扰的敏感性。众所周知:一个敏感设备对不同类型的干扰有不同的响应;反之,同一个干扰对不同的设备也有不同的影响。因此,对敏感设备的了解,也是解决系统或设备的电磁兼容问题前所不能缺少的一步。

由于其涉及的面太广,在此简略地讨论对设备的电磁兼容性能有直接关系的敏感性问题,即设备按敏感度的分类和敏感与否的几种判决标准。

在对系统电磁兼容性设计时,必须对系统中所有设备,按耦合电磁能量对系统造成的危害性程度进行分类。

Ⅰ类:在受到电磁环境引起的干扰后,该类设备或分系统工作关键性能降低甚至破坏,会影响系统和人员的安全。这时的安全裕度可以要求高达 20dB。安全裕度是设备抗干扰能力的定量指标,为系统提供额外的保护,安全裕度 20dB 的含义为设备敏感门限比电磁干扰高 20dB。

Ⅱ类:在受到电磁环境引起的干扰后,该类设备或分系统工作关键性能降低或发生故障,只使系统不能完成部分任务,而不影响系统和人员的安全。这时的安全裕度可以要求为 6dB。

Ⅲ类:在受到电磁环境引起的干扰后,该类设备或分系统仅出现工作性能降低,而不会发生故障,或者引起故障后不会导致系统完不成任务。对此类设备安全裕度可不作规定。

根据上述原则,对无人机系统,将设备分成三类。

Ⅰ类:电磁干扰会引起危及无人机升空安全及系统不能正常工作的,安全裕度定为 10 ~ 20dB。

Ⅱ类:电磁干扰会影响无人机正常飞行和系统工作的,安全裕度定为 6 ~ 10dB。

Ⅲ类:电磁干扰会导致降低系统可靠性的,安全裕度定为 3 ~ 6dB。

1.2.4 电磁兼容的特点

1)电磁兼容研究的领域十分广泛

以 2002 年 9 月在意大利召开的一次国际性 EMC 学术会议为例,涉及 42 个技术领域,即电磁环境、静电放电、雷电和电磁脉冲(EMP)、高功率微波、非线性系统响应、电磁耦合、线路与电缆、屏蔽、滤波、接地、抗扰度、发射、EMC 数值模型、EMC 中神经网络、EMC 拓扑学、在 EMC 约束下的设计、EMC 的计算机辅助设计、宇航天和航空电子的 EMC、EMC 和软件、汽车 EMC、铁道 EMC、自动化系统 EMC、信息系统 EMC、通信系统 EMC、电力系统 EMC、功率电子 EMC、印制电路板和芯片设计 EMC、平面集成电路 EMC、互连及封装结构 EMC、综合大系统 EMC、生物医学 EMC、信息安全中的 EMC、EMC 的吸波材料、器件和材料、测量与仪器、吸波暗室和横电磁波(TEM)小室、标准与规范、频谱管理与工程、电磁场对人类的响应、EMC 和功能安全、EMC 管理和 EMC 教育。

2)电磁兼容所涉及的标准、规范较多

国家电磁兼容标准体系分基础标准、通用标准、产品类标准和系统间电磁兼容标准。前 3 项为 3 个纵向层次构成,层次越低,规定越详细、明确,操作性越强。后一项则属于不同系统间的横向联系。我国还制定了军工产品的军用电磁兼容标准体系和行业标准等。国际上的电磁兼容标准和规范更多,我国电磁兼容标准绝大多数引自国际标准。

3)电磁兼容工程问题非常复杂

电磁干扰来源复杂,敏感设备各有特点,耦合途径多种多样,辐射耦合和传导耦合还会相互转化,使得电磁兼容问题很难分析。实际工程中出现的电磁兼容问题也各式各样。

电磁兼容工程是一项综合工程,电磁兼容工程师必须与其他部门经常沟通,与产品功能设计工程师相互配合。电磁兼容设计要考虑可靠和成本的平衡。整机测试要考虑真实性。测试标准如需要应进行裁剪,这需要依赖丰富的经验。在解决具体设备或系统电磁不兼容现象时,即使一位电磁兼容专家也不敢说有十分把握。专家们必须依靠经验积累,必须与项目工程技术人员合作才有可能解决。

武器装备系统涉及方方面面的研制单位。各单位的电磁兼容技术、管理和对电磁兼容的重视程度不一,使得工作协调、配合很困难。常出现不匹配的现象,延误了工程进展。

1.3　电磁兼容的重要性

1.3.1　电磁不兼容带来的影响

电磁不兼容带给产品及工程项目的影响不胜枚举,如在日常生活中节能灯开启影响收音机的收听、家用空调的电磁发射及电源谐波对家电产生影响等。

由电磁兼容问题引发的武器装备故障现象也屡见不鲜。军用电台电磁辐射引爆火工品,引燃燃油;电磁干扰导致导弹意外发射、飞机仪表失灵、飞行偏航甚至坠毁;各种摩擦引发的静电所产生的火花,导致易燃、易爆品意外点燃;舰船由于设备间的相互干扰,使其通信、探测、导航能力等大大下降;雷电电磁脉冲形成的电击酿成严重火灾、用电设备损毁或电力和通信线路中断;核爆炸产生的核电磁脉冲使整个城市的通信及雷达探测中断等。

在无人机工程实践中,也发现很多电磁兼容问题,如造成无人机遥控不灵、飞行控制计算机死机、机载侦察接收机侦收距离缩短、飞机高度表及油量表误指示及罗盘指示偏航等。

频频发生的无人机扰航事件也显示了电磁不兼容带来的安全问题。无人机扰航是指无人航空器干扰正常航班的事件,最近这类新闻屡见不鲜。2017 年 4月 26 日下午 6 时许,成都双流机场发生"无人机扰航"事件,共造成 22 架航班备降。2017 年 5 月 1 日 16 时许,昆明市长水国际机场北端受到无人机影响,导致至少 8 个航班备降。

无人机扰航主要是信号干扰问题,其次才是碰撞问题。飞机起飞和降落阶段,对于自动导航的要求比较高,要给予自动导航模式很好的电磁环境,这时通信链路如果受到干扰会影响自动导航模式。而无人机的飞行和通信控制,与机场系统有某些相近的地方,会造成电磁干扰问题。

总之,电磁兼容技术在产品和工程项目(尤其是军用装备)中占有极其重要的地位,在产品研制和生产过程中应给予经费上的支持,经费应占产品总经费的3%~5% 。

1.3.2　电磁兼容的强制性

由于电磁兼容的重要性,2000 年,国家质量技术监督局技监局标发〔2000〕36 号文《关于强制性标准实行条文强制的若干规定》中第二章的强制性内容范围包括:"3. 产品及产品生产、储运和使用中的安全、卫生、环境保护,电磁兼容等技术要求",这里明确指出了产品的电磁兼容标准应属于强制性执行标准。

国际市场上产品的电磁兼容标准也属于强制性的。如欧洲共同体在 1996 年就宣布所有电工、电子产品均需通过 EMC 检测,达不到指标要求的产品一律不得投放市场。

1.4 电磁兼容标准与规范

1.4.1 标准与规范的定义

标准是一个一般性的导则,由它可以导出各种规范,而规范则是一个包含详细数据的、必须按合同遵守的文件。

标准与规范两者所规定的内容不尽相同,标准是一般性准则,由它可以导出各种规范,它主要是为设计者提供方便并对各种有关问题统一管理。标准可涉及材料、元件、性能、工程设计、工艺、编码、符号、定义、标记、封装或任何需要标准化的项目。在起草设备规范时,标准是十分有用的,因为它能建立起互换性、兼容性、可靠性和可维修性的通用参数,标准也可为设计师提供统一的等级以鉴别所选用的数据。

规范则是一个包含详细数据,必须按合同遵守的文件,主要用于采购,因而应该清楚而准确地说明通常用"性能"这个术语所表达的基本技术要求,它对主要来自工业部门的竞争性投标提供手段,其目的在于让用户以最低廉的费用来采购订货。

1.4.2 标准与规范的重要性

电磁兼容标准、规范是产品设计电磁兼容性指标的主要依据。它限制电子系统或设备的电子发射和敏感度,控制电磁环境电平,从而使系统和设备相互干扰的可能性大大降低,达到防患于未然的效果。

从电磁兼容工程管理的角度讲,实施标准的意义在于以下几点。

(1)提高研制产品的效能,保证研制质量。

(2)提高研制效率,缩短研制周期,节省研制经费。

(3)采用成功经验,减少研制风险。

在下列情况下,相关电磁兼容标准必须强制执行。

(1)法律、行政法规规定执行时。

(2)军事装备或军工产品研制、生产合同规定时。

(3)军事装备或军工产品型号专用文件规定时。

标准具有一定的强制性,产品必须按规范生产,必须符合标准要求,这也是国际惯例。

1.4.3 电磁兼容标准的结构与分类

大多数组织的标准体系框架采用 IEC(国际电工技术委员会)的标准分类方法,将标准分为基础标准、通用标准和产品标准(系列产品标准和专用产品标准)。我国增加了系统间 EMC 标准。

基础 EMC 标准是制定其他 EMC 标准的基础或引用的文件。涉及的内容有:术语,电磁现象的描述,兼容性电平的规范,骚扰发射限值的总要求,测量、试验技术和方法,试验等级,环境的描述和分类等。

通用 EMC 标准规定一组基本要求和测量/试验程序,它可应用于该特定环境下工作的所有产品或系统。通用标准将特定环境分为两大类,即非工业环境和工业环境。

系列产品 EMC 标准为特定产品类别(指一组类似产品,系统或设施如电信设备、无线电、电视和类似设备)规定了专门的 EMC(发射和抗扰度)要求、限值和测量/试验程序。因为它是在通用标准基础上更加细化、更具有操作性,所以系列产品 EMC 标准应比通用 EMC 标准优先采用。

专用产品 EMC 标准是关于特定产品、系统或设施而制定的 EMC 标准。在决定抗扰度时,必须考虑产品的专门功能特性。根据专用产品的特性考虑一些专门的条件,如在特殊情况下允许与规定的发射限值不同的值。显然,专用产品 EMC 标准应比系列产品的 EMC 标准优先采用。

系统间 EMC 标准主要规定了不同系统之间的 EMC 要求。其中一些规定了不同系统之间的防护距离,如机场中的通信导航设备为保护电台、高压电力系统、电气化铁道等系统所需的保护距离。

1.4.4 主要标准

目前国际上常用的电磁兼容标准有德国电气工程师协会的 VDE 标准、美国联邦通信委员会的 FCC 标准、美国国防部的军用标准 MIL-STD-460 系列标准和国际无线电干扰特别委员会的 CISPR 民用标准等。这些标准不仅规定了各类产品的电磁干扰和敏感度限制线,指导如何对电磁兼容进行管理、设计以及电磁干扰的控制,而且还规定了统一的测试方法,这些标准是人们研究电磁兼容的技术结晶。

1.4.5 国家军用标准

军用标准是为满足军用要求,对有关的重复性事物和概念所做的统一规定。它以国防科技和实践经验的综合成果为基础,经有关方面协商,由主管机关批准,以特定形式发布,作为国防科技、军事装备科研、生产、使用和其他军事活动的共同依据。

国家军用标准工作开始于 20 世纪六七十年代。但基本上是头痛医头、脚痛医脚,缺少科学性、系统性。随着我国武器装备走上自行设计道路,特别是引进了全套美国军用标准后,我国军标的研究才走上正轨,使得军用标准已成为武器装备科研、生产、使用、维修所不可缺少的、强有力的科学管理手段和技术基础。

电磁兼容国家军用标准隶属于军用标准体系中的通用基础标准(该标准中还有可靠性、维修性、安全性等 10 余种标准)。这些标准涵盖的内容有:

(1)电磁干扰控制方法标准。

(2)元件、设备和系统电磁兼容性能标准。

(3)EMC 测试方法和测试场所要求标准。

(4)EMC 设计标准等。

1.4.6　标准的发展

随着电磁兼容技术和其他相关技术的不断发展,标准也要不断地发展、更新和完善。例如,我国的国军标 GJB 151 和 GJB 152 自 1986 年颁布以来,先后发布了 GJB 151—86、GJB 152—86、GJB 151A—97(《军用设备和分系统电磁发射和敏感度要求》)、GJB 152A—97(《军用设备和分系统电磁发射和敏感度测量》)。这些标准在武器装备论证、研制、检测与生产中得到广泛的应用,推动了武器装备电磁兼容性工作的全面开展,对提高武器装备的电磁兼容性起到了关键的作用。随着国内外电磁兼容技术的发展,GJB 151A—97、GJB 152A—97 标准也暴露出项目设置和限值规定不尽合理、测试方法不尽明确、部分测试技术和手段落后等问题。为保证标准中的测试项目设置科学、限值规定合理、测试方法可行,原总装备部 2010 年启动了 GJB 151A—97、GJB 152A—97 的修订工作,并于 2013 年颁布了 GJB 151B—2013(《军用设备和分系统电磁发射和敏感度要求与测量》)。GJB 151B—2013 将 GJB 151A—97 和 GJB 152A—97 合二为一,并对这两个标准的每章都进行了修改和增减。

美国国防部的军用标准也在不断改革之中,以针对电磁兼容的美国军用标准 MIL – STD – 461、MIL – STD – 462 为例,1967—2015 年几乎每 6 年就修订一次,尤其是 461D、462D(电磁干扰发射和敏感度控制要求、电磁干扰特性测量,1993 年发布)与 461C、462C(1986 年发布)的标准相比做了重大调整。其中最重要的是对电磁干扰(EMI)指标有所放松,而要求的电磁敏感度(EMS)电平有所提高,这意味着信号的自我保护意识有所提高,这是符合当今电磁环境总趋势的。在 1999 年,MIL – STD – 462 与 MIL – STD – 461D 合并,成为 MIL – STD – 461E。很多军事合同都规定必须符合 MIL – STD – 461E。目前,最新的版本为 2015 年发布的 MIL – STD – 461G。

美国军用标准的另一个发展趋势是军用、民用标准的界线趋向淡化，标准范围趋向国际化。军用标准、民用标准界线淡化的优点在于：首先发挥民用标准满足军事要求方面的作用，大幅度节约资源；其次使新技术、新工艺更加及时地融入军用标准，提高军工产品的质量；三是进一步促进竞争，使武器装备采办有更大的选择空间；四是后备力量强大，确保满足战争动员的需要。如美国废除了MIL－STD－463A（电磁干扰术语定义和单位制），而用 IEEE 民用标准来代替。

第2章　无人机系统电磁兼容问题

第1章的内容使读者对无人机电磁兼容的一些背景知识有所了解,本章将提出本书的主题,即无人机系统的电磁兼容问题。首先介绍无人机系统面临的严峻的电磁环境,包括外部电磁环境和内部电磁环境;然后论述这些电磁环境对无人机系统的影响,特别总结了一些在无人机研发一线发现的电磁兼容问题;最后简要介绍解决无人机电磁兼容问题的方法。

2.1　无人机系统的预期电磁环境

电磁环境是指设备或系统在完成其规定任务时,在各个不同频段可能受到的电磁干扰的功率(或场强)电平随时间和空间分布状态,是一个可以用空间、时间、频率、极化、幅度和调制等特性描述的客观存在的区域,它具有可重叠性,并随时间、空间位置的变化而变化。

无人机系统的预期电磁环境是指无人机系统在其全寿命周期中可能经历的各种电磁环境的总和,涉及了敌、我、友以及自然等诸多因素,它具有十分明显的动态性特征,针对不同时段、不同空间、不同对象,可能表现出较大的差异,而且这种电磁环境随无人机的结构特点、性能、工作方式等因素而产生不同的作用。

无人机系统的预期电磁环境包括外部电磁环境和内部电磁环境两大部分。

2.1.1　无人机外部电磁环境

无人机的外部电磁环境包括自然电磁环境和人为电磁环境。

2.1.1.1　自然电磁环境

自然电磁环境源于地球和宇宙的自然过程(如来自地球大气层的放电或来自太阳及外层空间的各种自然过程)。

自然电磁过程,像大气噪声、沉积静电、外层空间电磁辐射、银河系无线电辐射和太阳辐射等,构成地球电磁环境的重要部分。由于地球大气层、电离层和磁层形成的一个天然屏蔽,把地球与地球外的电磁能源分隔开,因此地球外噪声更多对航天器可能构成威胁,造成通信和遥测中断等现象。对在地球大气层内工作的系统来讲,探讨的自然电磁环境主要是大气噪声、沉积静电可能引发的电磁

19

效应。大气中的无线电噪声来源于全世界雷暴,它在很宽的范围内随许多因素而变化,如地理位置、无线电频率、发生的时间和季节。沉积静电则是由空气中的带电粒子在飞行器表面形成电荷积累,并由此引起的电晕放电和辉光放电所产生的骚扰,频谱分布在几赫至吉赫的范围内,严重影响高频、甚高频和超高频的无线电通信和导航。

一般情况下,在研究的近地空间范围内,与人为电磁环境相比,自然电磁环境强度要弱得多,如图 2-1 所示。然而,随着观察空间高度的不断升高,这种对比关系也会有所变化,尤其当冲出地球大气层,进入外太空时,自然电磁环境强度将明显增强,其影响也会显现出来。

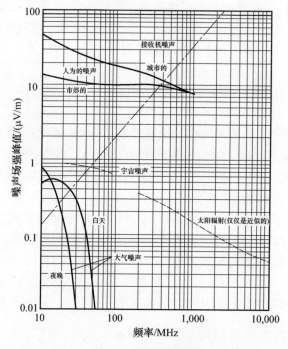

图 2-1 射频干扰源

在自然电磁环境中,对无人机影响最大的是雷电和静电。

1) 雷电

飞行器在带电云团中或接近带电云团飞行时,或是在两块带异种电荷云团之间形成的电场中穿行,如果没有可靠的防雷电措施,会很容易遭到雷击。雷击会破坏机上的天线,甚至钻进机体破坏发射机和接收机。遭受雷击的操纵面或其他组件,会把强大的雷击电压或电流由控制电缆和导线(以及操纵拉杆和钢索等)传至座舱,对飞行员构成威胁。雷击最引人担忧的是引起燃油箱着火和爆炸,对采用非金属材料结构的无人机更要引起注意。

雷电的危害作用可分为两种:一种是直接作用,即物理效应,也称机械和热效应,它将引起烧毁、腐蚀、爆炸和结构变形;另一种是间接作用,即电磁效应,它是由快速上升的大幅度电流脉冲所形成的电压,该电压足以击穿绝缘或造成人员伤亡,并引起器件失效。而这些电压是由于雷电放电通过导体阻抗、邻近导体上的电磁感应、导体的电容耦合和大地阻抗引起的。

2)静电

飞行器在某些大气条件下,可能会引起下述静电效应。

(1)沉积静电。由飞行器放出的静电所造成的电气干扰称为沉积静电。它属于宽带干扰且频谱连续。它能使设备性能降低,飞行任务失败,严重时会引起机毁事件。

(2)山特·爱尔莫火花。它是由飞行器的螺旋桨、机翼、突出部分和挡风板发出的一种刷子状电晕放电。

(3)摩擦起电。它是雨点、冰晶、灰尘、沙子等撞击飞行器绝缘表面而产生。当带电表面的电位高于邻近或周围区域且达到足够程度时,就会产生电晕、打火或电子流现象。这种噪声的频谱分布在几赫到千兆赫范围内。

(4)静电放电。当单个质点与飞行器表面撞击时,在表面留下一些电荷。多次累积后出现阶跃增加现象,该现象一直持续到周围空气电离,直到形成一条电晕放电、电子流或跳火所需通道为止。其干扰频谱在甚高频和超高频范围。

(5)交叉场梯度起电。它使飞行器穿过具有不同电位的带电区或两个不同带电云块之间的空间(交叉场)时,发生飞行器表面的电荷积累。

(6)燃油静电效应。飞机燃油系统或油罐车由于摩擦产生静电积累现象,积累到一定浓度会引起静电放电而使燃油燃烧。

2.1.1.2 人为电磁环境

随着技术的发展,电子对抗与反对抗日益加剧,更大功率发射设备不断投入运行,人为电磁环境的恶劣程度进一步恶化,无人机系统处于高密度、高强度的电磁干扰包围中。

隶属于联邦航空局(FAA)的电磁兼容研究中心(ECAC)的近期研究报告指出,今后的电磁环境对民用飞机和军用航空电子设备可能造成的电磁威胁电平,比目前适用的民用航空电磁兼容敏感度测试验收标准(DO-160)1V/m高出近10000倍,比MIL-STD-461的要求也高出近百倍,数据显示飞机在目视飞行规则(VFR)和仪表飞行规则(IFR)的情况下,可能遭遇200V/m的广播通信频段(10kHz~400MHz)和120kV/m的雷达工作波段(400MHz~18GHz)的电磁威胁。可以想象,一旦爆发战争,随着更多电子设备的纷纷参与,必将造成局部区域电磁环境更加复杂和恶劣,其程度将是无法预测的。有人统计:在战场上每个师仅无线电台就达2000多部;一架战术飞机在重点战区上空300m以上高度飞行时,会受到 800 多部雷达的照射,再加上电子设备,其信号密度高达 25 万~100 万个/s 甚至更多的电子脉冲,飞机处于高密度电子脉冲包围之中。

表 2-1 至表 2-5 给出了 2010 年颁布的美军标《系统电磁环境效应要求》(MIL-STD-464C)对不同武器装备使用环境预期电磁强度的要求,无人机可参考。

表 2-1 舰船甲板最大外部电磁环境

频率范围/MHz		航母飞行甲板		舰船外甲板	
		电场强度/(V/m)(均方根值)		电场强度/(V/m)(均方根值)	
		峰值	平均值	峰值	平均值
0.01	2	*	*	*	*
2	30	164	164	169	169
30	150	61	61	61	61
150	225	61	61	61	61
225	400	61	61	61	61
400	700	196	71	445	71
700	790	94	94	94	94
790	1000	246	100	1307	244
1000	2000	212	112	112	112
2000	2700	159	159	159	159
2700	3600	2027	200	897	200
3600	4000	298	200	1859	200
4000	5400	200	200	200	200
5400	5900	361	213	711	235
5900	6000	213	213	235	235
6000	7900	213	213	235	235
7900	8000	200	200	200	200
8000	8400	200	200	200	200
8400	8500	200	200	200	200
8500	11000	200	200	913	200
11000	14000	744	200	833	200
14000	18000	744	200	833	200
18000	50000	200	200	267	200

注:* 表示此频段无辐射源

表 2-2 在发射天线主瓣内的舰船最大外部电磁环境

频率范围/MHz		主瓣(距离与舰型、天线配置有关)	
		电场强度/(V/m)(均方根值)	
		峰值	平均值
0.01	2	*	*
2	30	200	200
30	150	10	10
150	225	10	10
225	400	43	43
400	700	2036	268
700	790	10	10
790	1000	2528	485
1000	2000	930	156
2000	2700	10	10
2700	3600	27460	2620
3600	4000	8553	272
4000	5400	139	139
5400	5900	3234	267
5900	6000	267	267
6000	7900	400	400
7900	8000	400	400
8000	8400	400	400
8400	8500	400	400
8500	11000	4173	907
11000	14000	3529	680
14000	18000	3529	680
18000	50000	2862	576

注: * 表示此频段无辐射源

表 2-3 地面系统的最大外部电磁环境

频率范围/MHz		电场强度/(V/m)(均方根值)	
		峰值	平均值
0.01	2	73	73
2	30	103	103
30	150	74	74

频率范围/MHz		电场强度/(V/m)(均方根值)	
		峰值	平均值
150	225	41	41
225	400	92	92
400	700	98	98
700	790	267	267
790	1000	284	267
1000	2000	2452	155
2000	2700	489	155
2700	3600	2450	219
3600	4000	489	49
4000	5400	645	183
5400	5900	6146	155
5900	6000	549	55
6000	7900	4081	119
7900	8000	549	97
8000	8400	1095	110
8400	8500	1095	110
8500	11000	1943	139
11000	14000	3454	110
14000	18000	8671	243
18000	50000	2793	76

表 2-4 除舰上环境外的旋翼机(包括无人机)最大外部电磁环境

频率范围/MHz		电场强度/(V/m)(均方根值)	
		峰值	平均值
0.01	2	200	200
2	30	200	200
30	150	200	200
150	225	200	200
225	400	200	200
400	700	1311	402
700	790	700	402
790	1000	700	402

频率范围/MHz		电场强度/(V/m)(均方根值)	
		峰值	平均值
1000	2000	6057	232
2000	2700	3351	200
2700	3600	4220	455
3600	4000	3351	200
4000	5400	9179	657
5400	5900	9179	657
5900	6000	9179	200
6000	7900	400	200
7900	8000	400	200
8000	8400	7430	266
8400	8500	7430	266
8500	11000	7430	266
11000	14000	7430	558
14000	18000	730	558
18000	50000	1008	200

表 2-5 除舰上环境外的固定翼飞机(包括无人机)最大外部电磁环境

频率范围/MHz		电场强度/(V/m)(均方根值)	
		峰值	平均值
0.01	2	88	27
2	30	64	64
30	150	67	13
150	225	67	36
225	400	58	3
400	700	2143	159
700	790	80	80
790	1000	289	105
1000	2000	3363	420
2000	2700	957	209
2700	3600	4220	455
3600	4000	148	11
4000	5400	3551	657

频率范围/MHz		电场强度/（V/m）（均方根值）	
		峰值	平均值
5400	5900	3551	657
5900	6000	148	4
6000	7900	344	14
7900	8000	148	4
8000	8400	187	70
8400	8500	187	70
8500	11000	6299	238
11000	14000	2211	94
14000	18000	1796	655
18000	50000	533	38

需要引起注意的是，由于无人机机体大量采用复合材料，其机内电子设备所承受的电场要比有人机大得多。

2.1.2 无人机内部电磁环境

2.1.2.1 无人机机体带来的困难

无人机是一种特殊的飞行平台，其体积较小，机上重量受限，这给电磁兼容问题带来一定的困难。

由于无人机体积较小，给天线布局造成困难。有时要在翼展、机长几米，机高1m多的有限空间（也有较大的）里安置近10根天线，甚至用机翼梁作为天线，导致电磁干扰密集。而且由于机体小，常处于近场状态，给测试和计算增添麻烦。

另外，由于受到机上重量限制，不能大量采用屏蔽与滤波措施，加重了电磁兼容问题。

无人机机体的材料有全金属的、碳纤维的、玻璃钢的或混合型的。全金属的无人机电磁兼容问题可以和有人机一样处理。非金属如玻璃钢结构的飞机为非导体，如采用碳纤维，它又具有导电性，另外内部安装的金属壳体的机载设备，使电磁兼容问题变得更为复杂化。

（1）机体材料是复合材料的，无遮挡，天线隔离困难，使得天线布局更加困难。

（2）机体材料是复合材料的，电磁波在机体内外会引起反射、散射与绕射，电磁传播更复杂。

（3）无人机的隐身技术也会对无人机的电磁场分布、天线特性等产生影响。

（4）非导体结构，给机载设备的接地带来一个难题。

2.1.2.2 机载和地面设备带来的困难

无人机的机载设备和地面支持设备也会带来一些电磁兼容难题。

（1）机载电磁干扰频谱宽，电平差距悬殊。无人机机载电磁干扰频谱从直流到几吉赫，甚至更高。机载设备的电平差也很大。如干扰机电平可达 $20 \sim 23$ dBW。而接收电平可低到 -137 dBm。电平差达 $10^{15} \sim 10^{16}$ 量级，显然给电磁兼容工程带来很多难题。

（2）机上设备产生开关瞬态、信号谐波、乱真发射等，会导致机上电磁环境相当复杂。

（3）活塞式发动机的火花干扰有时正好落在有用频带之内，它将对接收机的灵敏度造成很大影响，如何减少这种影响是无人机电磁兼容的重要课题之一。

（4）由于接收机灵敏度高，即使部件的电磁发射符合国军标，仍然会影响接收机的接收距离，即系统不兼容。

另外，无人机地面支持设备自身会产生电磁干扰，其内部也有敏感设备，也是一个需要认真对待的问题。不仅要考虑车载设备内部的兼容，还要考虑与地面电磁环境的兼容。地面支持设备有时在战场侦察通信局域网内工作，有时在电磁辐射密度大的舰艇上工作，这些都会给无人机系统的 EMC 增添麻烦。

纵观无人机系统的预期电磁环境可以看到：无人机内部电磁环境是无人机电磁环境的基础，是无人机系统首先必须面对的，而在无人机外部电磁环境中，雷电和静电电磁效应是自然电磁环境的主体；地面、空中及海上各种可能的电子辐射源，如雷达、远距离支援干扰、电子对抗以及通信等是人为电磁环境的主体；核爆以及各式电磁脉冲武器所引发的电磁威胁，因其频谱覆盖面宽、强度大，且可以发生在较为广泛的空域，故而对各种类型武器装备都将具有致命性；地面电磁辐射对中低空飞行的无人机具有更大的威胁，而对高空作业的无人机的影响较小。同样，对于空中电磁辐射，视其与装备的相对位置决定其威胁程度的强弱。

2.2 电磁环境对无人机系统的影响

电磁环境对无人机的影响主要表现为：直接通过机载天线端口耦合，造成相应接收设备损坏、性能下降或产生差错；透过飞机蒙皮，经机体缝隙、口盖等与机载设备及电缆耦合，进而对系统产生影响。相比较而言，前者更为严重，后者由于有机体屏蔽以及与辐射源相距较远而影响相对较小，但对于采用透波复合材料的无人机，情况有所不同。

经天线端口耦合的电磁信号,对无人机性能的影响程度,与接收设备性能密切相关。天线端口接收信号功率为

$$P_r = A_e \cdot S_{td} \qquad (2-1)$$

式中:A_e 为天线有效面积;S_{td} 为天线处总信号功率密度。

经机体与设备端口的耦合,首先是环境电磁信号通过机体的开口、缝隙等激励无人机内场分布,然后进一步与电缆耦合,最终对相应端口(电源、控制端口)产生影响,对于采用透波复合材料的飞机,外界电磁信号将直接与机载电缆耦合。该耦合模型不仅与线缆类型有关,而且与线缆端设备的接地密切相关。对于可等效为接地平面上的无损电缆,如以电缆一端为原点,沿电缆方向为坐标,则耦合外界电磁场的感应电流可表示为

$$I(z,f) = 2\left\{ \frac{Z_C\cos\beta(l-z) + jZ_L\sin\beta(l-z)}{Z_C D} \cdot \int_0^z E(z,f) \left[Z_C\cos\beta z + jZ_0\sin\beta z \right] \mathrm{d}z + \right.$$

$$\left. \frac{Z_C\cos\beta z + jZ_0\sin\beta z}{Z_C D} \cdot \int_z^l E(z,f) \left[Z_C\cos\beta(l-z) + jZ_L\sin\beta(l-z) \right] \mathrm{d}z \right\}$$

$$(2-2)$$

式中:$D = (Z_C Z_0 + Z_C Z_L)\cos\beta l + j(Z_C^2 + Z_0 Z_L)\sin\beta l, \beta = \frac{2\pi}{\lambda}$;$E(z,f)$ 为沿电缆走向的入射电场分量;$Z_C = 276\lg(2b/a)$ 为线缆等效特征阻抗,其中 a、b 分别为线缆直径和到参考接地面距离的两倍;Z_0、Z_L、l 分别为线缆的源、终端负载和遭受电磁场照射的线缆长度。

由此可见,外界电磁环境对无人机性能的影响,其途径最终可归结为天线端口和机载电缆,即辐射干扰和传导干扰。

2.2.1 辐射干扰的影响

电磁辐射能量可以通过多种途径进入元器件和设备,产生电磁辐射响应。电磁辐射响应可以分为散射体响应、孔隙响应、电缆响应和元器件及分系统响应。具体而言有以下几种。

(1)外壳产生分布电荷和电流。

(2)壳体的电不连续处,如孔或缝隙进入电磁能量。

(3)输入输出电缆及插头座接收电磁能量。

(4)天线端子感应电流或电压。

(5)电路引线、元件引线与电源引线等感应电流与电压。

电磁辐射引起元器件和设备损坏,元器件的损坏是设备受损的主要因素,其机理为热击穿和电压击穿,对半导体器件而言是耦合能量在 PN 结的检波作用。

28

该检波作用是由器件 PN 结的非线性和结电流重新分配形成射频感应电流聚集两种因素引起的。元器件损坏受暴露电平、射频信号频率、信号的形式、器件工艺、器件的工作条件、进入端特性、受照时间和其他因素影响。试验表明,晶体管损害的能量危害极限为 $10^{-4} \sim 10^{-6}$J,损坏在微秒内发生。

当吸收的射频功率电平产生热量足以使器件发生永久性物理损坏时,电磁辐射对元器件和设备损坏的形式有以下几种。

（1）烧毁或电压击穿元件、天线等。

（2）电爆装置意外点火。

（3）对绝缘体而言,有以下几种损坏形式。

① 介质损耗产生过热、绝缘损坏。

② 局部过热和化学分解使绝缘场内部击穿。

③ 有机绝缘物中,绝缘性能（下降以碳化和烧坏方式产生）。

④ 非有机绝缘物中,金属氧化物还原引起损坏。

（4）在晶体管和集成电路中,有以下 3 种失效形式。

① 连接线熔化。

② 金属镀层损坏。

③ 半导体结损坏。

电磁辐射对无人机燃油也有危害,各种燃油在强电磁场作用下发生燃烧和爆炸,一般常见的事故有以下两种。

（1）直接照射。试验表明,燃油蒸气在电磁波频率为 $2 \sim 13$MHz 范围的发射天线辐射的电磁波照射下,如果发射功率为 100W,则天线与燃油距离在 $11.5 \sim 75$m（半个波长）之间会发生自燃而引起爆炸。

（2）电火花点燃。电磁辐射可以在金属体上产生感应电压,当电压达到一定值时就会击穿介质,产生电弧和火花。根据试验研究指出,引起电弧和电火花放电所需要的功率极限是 50V·A。一辆中型加油车为飞机加油时,如在飞机油箱附近存在电磁辐射,且电磁波频率在 $24 \sim 32$MHz 之间,则场强只需 37V/m 即可获得引起火花放电的电磁能量。

2.2.2　传导干扰的影响

传导干扰很容易影响到模拟电路的性能,因为对模拟电路,不管干扰噪声多大,都会对电路造成影响。另外,模拟电路经常采用多级放大。干扰侵入第一级（第一级往往是小信号,小信号时干扰更为严重）,然后通过多级放大,将信号和干扰一起放大,影响就更大。对于测量电路,传导干扰会带来误差,影响测量结果的精度。当然,模拟电路对瞬态干扰有一个优点,就是当干扰消失后,电路大部分能恢复正常工作。

数字电路通过脉冲波形来传递信息,但是在传输过程中由于各种干扰原因波形发生畸变。图 2 - 2 所示为常见脉冲及干扰波形。

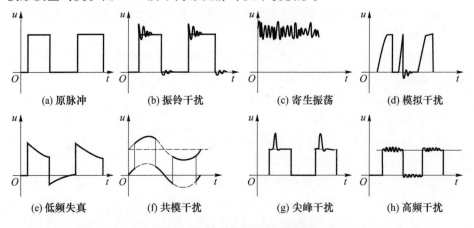

图 2 - 2　常见脉冲及干扰波形

如果干扰信号较低或干扰时间很短,即使干扰信号使脉冲波形发生变化,也不一定会影响电路的工作状态,如图 2 - 2(b)、(e)、(g)、(h)所示状态。只有当噪声电压达到某一值时,电路的工作状态才会失常(即达到一定的噪声容限)。由于脉冲波形本身就具有从低频到高频的较宽的频率分量,因此通过滤波器将干扰除掉非常困难。

对于飞控计算机而言,主要的干扰形式为共模干扰,干扰会影响飞控计算机的 A/D 和 D/A 转换器、数字逻辑电路、硬盘信号读出电路、RAM、三总线(数据、地址、控制)、接口电路。干扰引起的后果与干扰的幅值、持续时间有关。

传导干扰对高频电路及相关设备的影响分两部分来表述。

1)对发射机的影响

(1)对主振荡器及频率合成器的影响。噪声会影响其频率稳定度、相位噪声及其振荡条件、频谱纯度等。

(2)传导干扰会影响调制器的调制特性,会产生寄生调制等。

(3)会影响倍频器的工作状态。

(4)会影响功率放大器的工作状态、放大器的效率,使放大器产生寄生振荡,影响输出频谱。若接地不好,会引入新的传导干扰。

(5)能使整个发射及工作不稳定,带有寄生振荡,引起谐波辐射、带外辐射、非谐波辐射。

2)对接收机的影响

(1)影响高频和中频放大器的工作稳定性、频率选择性,甚至会产生自激现象。

（2）影响本振的频率稳定性、相位噪声、带外噪声和频谱纯度,甚至通过接收机天线向外产生寄生辐射等。

（3）对混频器,受到高放和本振噪声的双重影响,如变频增益、互调、交调的影响,带外噪声增加也有可能通过接收机天线产生寄生辐射。

（4）检波器由于其输入端为大信号(通常如此,也有例外),传导干扰相对较小。但通过非线性检波,会产生许多杂波,若壳体屏蔽不好,这些杂波会通过壳体辐射或天线辐射。

（5）传导干扰会降低接收机的灵敏度,增加误码率,产生寄生辐射。

2.2.3　工程研制中发现的电磁兼容问题

下面列举一些在工程中发现的电磁干扰例子,说明电磁辐射对无人机系统的影响。

1）发动机点火装置引起的辐射干扰

无人机所用的活塞式发动机的点火装置会产生前沿很陡的宽带脉冲波干扰,其脉冲的周期与发动机的转速相关。其频带范围为 10kHz ~ 300MHz,该区间是干扰能量集中处,少量在 300 ~ 1000MHz 内,个别谱线会超过 1GHz。这是采用活塞式发动机的无人机机上主要辐射干扰源之一,其辐射主要由发动机缸体、火花塞帽和高压线包产生。该干扰会影响无人机许多机载设备的正常工作,如影响无线电遥控距离。图 2 - 3 给出活塞式发动机电磁辐射实测频谱,从图 2 - 3 可以看出,对机上设备而言发动机是一个重要的干扰源。

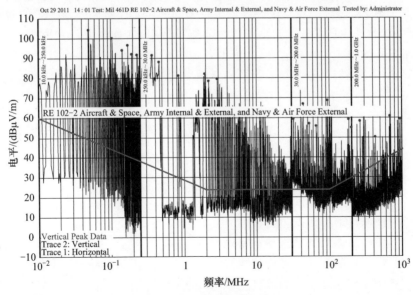

图 2 - 3　发动机电磁辐射测试图

2）机载发射机的干扰

无人机机载发射机有遥测图像发射机、合成孔径雷达、中继转发发射机、信标机及其他用途发射机等。

（1）无人机机载图像遥测发射机干扰卫星导航接收机的信号，影响无人机的导航定位功能。

（2）机载的单边带电台发射机对油量传感器的干扰，有油它指示没有油，没有油它指示有油，造成飞机无法飞行。

（3）对发射机的频谱要加调制信号后测量，因调制非线性引起的谱线往往用简单的数学方法是分析不出来的。在早期的型号研制中，由于缺乏测量手段，遥测发射机产生了遥控接收机的同频干扰，大大影响遥控作用距离。

（4）在下行（机上与地面测控站的通信链路）四合一的信道中，遥测图像发射机所传的电视图像信号和遥测参数信号是采用频分的，都是调频信号。这时应注意以下几类。

① 副载频与载频的调频线性度。

② 主载频采用 VCO（电压控制振荡器）时应留意其频率稳定度；否则会引起图像传输质量与遥测精度的下降。

3）飞控计算机的电磁辐射影响遥控接收机的灵敏度

众所周知，数字电路会带来电磁干扰。在无人机机载设备中，飞行控制计算机、数据链机载终端设备、控制电路、任务电子设备等大量设备包含着这类电路。其干扰主要来自：门电路从高（低）电平向低（高）电平翻转时；存储器在"读""写"时；驱动器、地址总线、逻辑翻转等带来的噪声。还有晶体所产生的时钟脉冲，都是干扰产生的源头。这些干扰可能通过公用线（如电源公共地线）等的传导或辐射影响模拟电路的工作，尤其是接收机的工作。在工作中就曾发现过飞控计算机的电磁辐射影响遥控接收机灵敏度的现象。

图 2-4 所示为某飞控计算机的电磁辐射测试图。

4）电子干扰机的干扰

我们搭载的用于电子对抗通信干扰发射机就是一个强干扰信号的来源，它对机载设备造成了很多干扰，它曾经产生过以下差错。

（1）导致机载飞控计算机错误工作。

（2）使电爆分系统的检查灯发亮。

（3）使飞机的舵面发生偏移。

（4）使传感器测试数据指示错误。

（5）影响遥测图像发射机的载波发射频率。原因是遥测图像发射机的工作频率点是受遥控信号操纵的，遥控信号传送给飞控计算机，再由飞控计算机传送给遥测图像发射机 3 个数码信号（D_0、D_1、D_2），该信号决定了遥测图像发射机的

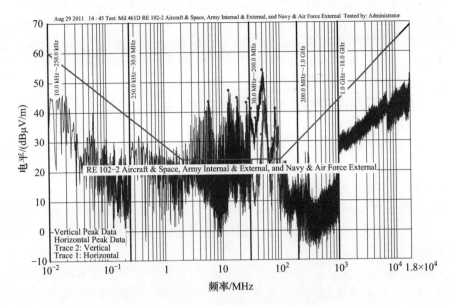

图 2-4 某飞控计算机的电磁辐射测试图

载频频率。干扰发射机的信号干扰了该数据信号,影响了 D_0、D_1、D_2。在数据线上装磁环扼流,解决了这一难题。

(6)影响遥控地面显示的"帧扩频"和"解扩"环的指示。这是因为干扰发射机的某一频率进入遥测图像发射机与其副载频混频,得到与副载频相同频率的干扰信号,被遥测图像发射机传至地面,由地面遥测图像接收机解调,影响"帧扩频"与"解扩"环的指示。

电子干扰机也会受到干扰,如遥测发射机工作时,会使干扰发射机停止工作,这也是因为遥测发射机的信号通过天线传入干扰机的功率保护电路所致,这种情况可以通过调整保护电路的灵敏度得到妥善解决。另外,电子干扰机还会受到自身的干扰,如干扰发射机在某些频率点功率没有输出,检查原因可能是干扰发射机的功率保护电路产生自保护。

5)其他干扰

在无人机电磁兼容工作中发现的干扰现象还有以下几种。

(1)接收机的自身辐射影响自身的灵敏度。

(2)射频干扰使引信错误触发。

(3)定位系统跟踪干扰信号。

(4)打开阻力板舵机的瞬间,产生开伞信号(当无人机采用伞降方式回收时)。这是由于阻力板舵机瞬间电流达 5~7A,使电源电压通过电阻下降 0.2V,导致高度保险通道起作用而开伞。

（5）风门控制盒是好的,但连接到遥控接收机及解调板后会引起 20MHz 以上的寄生振荡,使风门控制盒不能工作。

此外,还发现开关电源引起的干扰。机载设备中装有继电器,由于不少继电器带有电感性元件,在其吸合或释放工作瞬间会产生电流脉冲干扰。

2.3 解决无人机电磁兼容问题的方法和步骤

在前面两节中已经讨论了无人机系统所面临的严峻电磁环境以及电磁环境对它的影响,在这一节简要介绍解决这些电磁兼容问题的步骤和方法。

解决产品和系统电磁兼容的方法有 3 种,即问题解决法(problem solving approach)、规范法(specification approach)和系统法(systems approach)。在实际工作中,经常是这 3 种方法结合进行,互为补充,因为单靠某一方法,很难使产品对电磁兼容性做到尽善尽美。

问题解决法是先建立系统,然后就事论事,遇到什么问题就解决什么问题。显然,用该法解决电磁兼容问题太冒险了。事实证明,用该法常常会发生大量返工,既费时又费钱。

规范法是要求设备和分系统按照标准要求进行设计(如国军标《军用设备和分系统电磁发射和敏感度要求与测量》(GJB 151B—2013))。按标准要求设计容易得到订货方和供货方双方的认可。事实上,目前许多军事装备对设备和分系统的电磁兼容要求就是这样提出的。这种方法的缺点是不能预知系统的性能,且没有对标准进行针对性的剪裁,可能会导致设备与分系统的过设计,造成研制费用昂贵,更何况有些标准的限制或规定本身就不甚合理。

系统法也可称为计算机预测法,是目前电磁兼容最为先进的分析预测方法。通常这种预测方法在 3 个级别上进行:第一个级别是芯片的电磁兼容设计预测,尤其是对大规模和超大规模、高速芯片,制造厂已经将其列入第一个主要生产过程;第二个级别是部件或设备的电磁兼容预测,这是产品达到电磁兼容的基础工作,如美国 IBM 公司就十分重视该项工作,其公司的产品在市场上就具有竞争力;第三个级别是系统的电磁兼容预测,如飞机机载系统、舰船舰载系统、装甲车车载系统、卫星星载系统等装有多种复杂的电子电气和无线电设备,必须进行电磁兼容分析预测。但该方法要有大量与电磁兼容有关的技术数据库,要建立合适的数学模型和分析计算程序,且所用的方法是数值分析求解的方法,基于系统的复杂程度,其边界条件的设置很难满足系统分析的要求,另外实验验证也有一定的困难。在国内无论在哪个级别上至今还没有一套得到实验验证和人们认可的电磁兼容系统分析预测软件问世,不少预测方法与程序仍然停留在理论上或实验室里。

当前,在工程设计中大部分还是将3种方法结合使用,即设备和分系统的设计以规范法为主,要求尽可能地贯彻标准(标准应根据产品进行剪裁),同时对系统性能进行一些分析与预测(如频率选择、天线布局、幅度筛选、分析有关发射源－敏感设备对可能的耦合途径,提供一些预见性,减少盲目性)。然后对设备与分系统进行电磁兼容摸底测试,并进行改进。在调试过程中(包括联调)采用问题解决法作为对电磁兼容分析和设计的补充,最终使系统获得电磁兼容性。

　　综合上述方法,解决电磁兼容问题的步骤:首先进行电磁兼容分析,分析无人机型号对电磁兼容研制的要求,对型号任务的全寿命电磁环境进行具体分析,包括系统、分系统、部件、元器件的电磁特性,选用适当的电磁兼容国家标准和国家军用标准。然后在分析的基础上进行电磁兼容设计,包括总体设计,系统、分系统、部件、电路等各级别的具体设计,根据需求,采取相应的电磁防护措施。最后,还要对设计的效果进行测试,如果出现电磁兼容问题,则需要进行诊断,以解决问题。这种分析、设计、测试在产品的整个寿命周期中重复进行,使系统和产品最终达到兼容地工作。为了有条不紊地完成上述步骤,应该把电磁兼容工程纳入工程管理的范畴,采用科学的工程管理方法,保证按时按质完成电磁兼容工作。

第 3 章　无人机系统电磁兼容分析

　　系统电磁兼容分析是电磁兼容工作的准备阶段,是电磁兼容性设计的基础,是系统、分系统、设备电磁兼容控制的依据,是质量保证的重要手段。在系统电磁兼容设计过程中要不断地进行电磁兼容分析,寻找潜在的干扰源及耦合途径,并提出其改进措施,使设计工作顺利进行,达到满意的结果。

　　系统电磁兼容分析的主要内容如下:

　　(1)明确无人机系统电磁兼容的研制要求。

　　(2)频率与频段的选择。

　　(3)电磁环境分析。

　　(4)电磁兼容设计标准、规范的选用和剪裁原则。

　　本章的分析为第 4 章电磁兼容设计打下基础。

3.1　无人机电磁兼容研制要求

　　1)不同类型的无人机对电磁兼容的要求不同

　　根据现代战争要求,无人机已成为陆军、海军、空军各军兵种迫切需要的武器装备。无人机种类繁多,飞行器有固定翼、垂直翼和倾斜旋翼;发动机有活塞式、转子式、涡喷式、涡轴式和电动式;种类可分近程、远程、短程、长航时等。不同军兵种用的飞机,根据 GJB 151B—2013 规定,其分系统、设备对电磁兼容的要求有所差异。

　　2)不同用途的无人机对电磁兼容的要求不同

　　靶机的机载电子设备相对少,解决机上的电磁兼容相对容易,但应用时必须注意靶场的电磁环境与靶机设备的相互兼容。

　　对于侦察校射型无人机,为提高其战场上的生存力,须着重研究战场严酷的电磁环境(其中包括有意干扰、无意干扰),使无人机不受干扰,否则会使飞机失控或不能获取战场信息。

　　电子对抗型无人机是电磁兼容最难解决的机型之一。它不仅要解决与战场电磁环境的兼容,更重要的也是最难的是如何使设备在飞机上获得兼容,宽频带、连续波的大功率干扰机给机载设备带来严重的电磁干扰。

36

攻击型无人机将飞到敌方的电磁环境最为恶劣处,在飞行剖面上如何抗外界严酷的电磁辐射干扰是必不可少的研究课题。因为其辐射敏感度要求远高于一般的电磁兼容要求。

3)无人机集群给电磁兼容带来了新的要求

无人机集群作战越来越成为现实,未来战场上会出现由同种类型或不同类型无人机组成的编队和集群。在这种情况下,不仅要考虑单架无人机的电磁兼容问题,还要考虑无人机之间的兼容问题。

3.2 频率与频段的选择

无人机的组成中有不少无线电设备,它们的频段和频率选择合理与否会直接影响系统的兼容。在早期的型号研制中,由于对此没有在意,曾经导致无人机系统不能在战区与其他系统兼容而停用。也有因为频率选择问题使机载设备本身不兼容,导致遥控作用距离大大缩短。

通过型号研制的总结,对频率与频段的选择应从多方面因素考虑。

(1)选用频段必须符合国际和国家有关无线电管理部门的规定,如无线电管理委员会颁发的《无线电频率规定》。

(2)综合考虑系统的技术体制、战术技术要求、电波传播特性、信息带宽需求以及原有的技术储备与国内的技术水平。

(3)在确定分系统工作频段时,要考虑其他分系统引起的谐波干扰、互调干扰、邻道干扰、中频干扰、交调干扰和镜像干扰等。不要使其他干扰落在该系统的工作频带内。

(4)在考虑组合频率与谐波干扰时,应注意以下几点。

① 发射机功率、功放的线性度、功放的谐波、杂波抑制比。

② 天线的特性包括增益、方向图、极化方式、天线之间的隔离度等。

③ 信号的调制形式,基带信号的特性。

④ 接收机的带宽。

⑤ 接收机的假响应点的多少(假响应点是指在接收机的输入端,加一幅度不变的信号如50mV,然后只改变频率,视其在工作频带外接收频率点的多少)。

⑥ 计算时,通常算到3~5阶即可。

(5)要了解机载辐射干扰源的频率,如发动机火花干扰的频谱情况。

(6)器件及仪器设备的现有状况。

(7)技术的继承性等。

3.3 无人机电磁环境分析

无人机一般研制周期为 3~7 年,平均服役使用期为 7~13 年,无人机必须要在全寿命周期内不受电磁环境的危害(兼容地工作),因此应推算未来10~20年的电磁环境变化,对系统在全寿命周期内的电磁环境进行调查、分析、研究和确定,并将相关参数输入到有关分析数据库中。

根据无人机的活动方式和范围来确定外部辐射干扰源(功能干扰源、敌友我三方的干扰源、自然干扰源等),并了解干扰源的特性参数,其中包括发射频率、发射功率、天线特性(极化、增益、尺寸、波束宽度、扫描特性等)、脉冲宽度、脉冲重复频率、驻留时间、发射密度、视角和相对距离。

结合无人机的战术使用情况及其所要完成的功能来确定内部电磁干扰情形,将可能影响无人机系统功能的所有干扰源制成表格。为此,将机载设备的特性参数列一张表格,如表 3-1 所列。由于部件较多,这里仅列一部分,表中打"√"者表示有数据输入。然后将机载设备的主要干扰源与敏感设备列一张表格,如表 3-2 所列,这样分析问题就可以相对集中了。

表 3-1 机上设备特性一览表

序号	部件名称	功耗 /(V·A)	发射功率 /W	频谱		增益 /dB	方向图 /(°)	敏感电平 /dBmW	安装位置		
				f /MHz	B /MHz				X /mm	Y /mm	Z /mm
1	图像遥测发射机	√	√	√	√				√	√	√
2	发射天线		√	√	√	√	√		√	√	√
3	遥控接收机	√		√	√			√	√	√	√
4	接收天线			√	√	√	√		√	√	√
5	飞行控制计算机	√	√	√	√			√	√	√	√
6	副翼舵机	√	√		√			√	√	√	√
⋮											

表 3-2 机上主要干扰源与敏感设备

序号	干扰源	敏感设备
1	图像遥测发射机(含天线)	遥控接收机及天线
2	干扰发射机及天线	侦察接收机及天线
3	发动机点火系统	飞行控制计算机
4	电源	传感器
5	飞行控制计算机	舵机
6	舵机	
⋮		

无人机系统对电磁环境的响应,往往是通过系统内最敏感的分系统或设备反映的,而敏感设备又是通过敏感元件才起作用。关键的敏感元件失效有可能导致设备不能完成任务。这里先介绍耦合到敏感元件上的电平的确定。

1)元件与电磁环境的耦合

在型号研制初期,由于硬件没有确定,只能用简单近似的方法来估算。估算的假设条件如下:

(1)系统元件在没有屏蔽的条件下与外部环境耦合。

(2)与元件相连的所有电缆的有效口径,认为是与元件阻抗匹配的调谐半波振子的有效口径,其有效口径面积为

$$A_e = 0.13\lambda^2 \tag{3-1}$$

式中:A_e 为有效口径面积(m^2);λ 为电磁干扰波长(m)。

那么,耦合到元件上的功率为

$$P_{ce} = P_{Id}A_e \tag{3-2}$$

$$P_{ce} = 0.13\lambda^2 P_{Id} \tag{3-3}$$

式中:P_{ce} 为耦合到元件上的功率(W);P_{Id} 为干扰环境的电磁功率密度(W/m^2)。

2)设备与电磁环境的耦合

在上述耦合基础上,再考虑设备壳体的屏蔽状况,其表达式为

$$P_{ce}(dB) = -9(dB) + 20lg\lambda(dB) + P_{Id}(dB) - S_{CE}(dB) - S_{EE}(dB)$$

$$\tag{3-4}$$

式中:$-9(dB)$ 由 $10lg0.13$ 求得;$20lg\lambda(dB)$ 由 $10lg\lambda^2$ 求得;$S_{CE}(dB)$ 为电缆屏蔽效能 $10lgS_{CE}$,S_{CE} 为电缆屏蔽系数;$S_{EE}(dB)$ 为壳体屏蔽效能 $10lgS_{EE}$,S_{EE} 为壳体屏蔽系数。

3)元件敏感度

在确定电磁环境电平耦合到元件的电平值后,电磁环境对系统的影响就决定于关键元件的敏感度电平。

图 3-1 所示为典型的线性和数字器件的敏感度电平。

4)干扰预测表

根据干扰耦合电平与元件敏感度电平比较,可以预测系统、各分系统及设备之间的兼容程度。这样:一方面可以对分系统和设备提出兼容的条件,为分系统和设备的电磁兼容设计提供依据;另一方面可以列一张系统干扰预测表,为系统电磁干扰控制设计提供必要的技术依据。干扰预测表的形式见表 3-3。表 3-4 给出了一个例子,以通信干扰机为电磁干扰源,考察其对其他设备的影响。

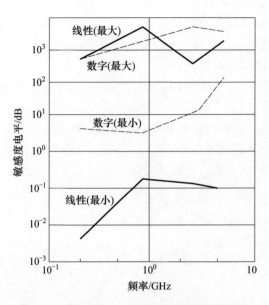

图 3-1 典型的线性和数字器件的敏感度电平

表 3-3 干扰预测表

干扰状态 　　　 敏感设备 发射设备	1	2	3	…	n
1	●	○	△		
2	○	△			△
3	○	○	●		●
⋮					
m	○	○	○		○
注：●—严重干扰；△—轻微干扰；○—无干扰					

表 3-4 干扰机对其他设备的干扰预测表

干扰机参数	干扰频率/MHz	f_1	f_2 …	f_n
	干扰功率/W	P_1	P_2 …	P_n
被干扰对象	遥控接收机（Ⅰ）	△	● …	△
	遥控接收机（Ⅱ）	●	● …	△
	遥控发射机	○	△ …	●
	传感器	△	△ …	△
	舵机	●	△ …	○

40

3.4 标准的选用和剪裁

从第 1 章看到,电磁兼容工程对标准和规范有极高的要求,产品的设计、工程管理都要符合标准的要求。若标准使用得不好,会引起过使用、欠使用、解释错误等问题,贻误装备的研制生产工作。如何结合特定产品的具体条件,灵活运用标准,直接影响到装备的性能、研制生产的费用与周期。这是一个具有普遍意义的重要技术政策问题。如何正确使用标准? 实际上就是如何"选用"和"剪裁"有关标准。

"选用"(selecting):根据特定设备使用和研究需要,产品的不同层次,从现行、有效的标准和规范中,适时地选择适用于特定产品研制生产的标准和规范,并在合同或技术规范等文件中加以规定。

"剪裁"(tailoring):对选用标准中的每一项要求进行分析、评估和权衡,确定其对特定产品的适用程度,必要时对其进行修改、删减或补充,并通过有关文件,提出适合特定产品最低要求。

1)选用和剪裁标准的步骤

(1)从产品使用任务剖面和环境出发,确定产品特定的性能要求。

(2)从所有各类技术和管理标准、规范中选择特定产品必不可少的标准和规范。

(3)从选用的标准、规范中剪裁出适用的要求。

(4)将剪裁出来的内容及补充内容经批准后或签约后,以各种形式纳入合同或技术规范等产品专用文件中。

2)选用和剪裁标准时应考虑的因素

(1)研制阶段和标准层次。不同标准有不同的内容和使用范围、适用时间。

(2)产品研制生产的技术水平、工艺条件。标准提得高但技术和工艺条件不满足也是枉然。

(3)与允许的研究、生产、使用周期有关。周期长,条款可以多;周期短,条款应少。

(4)产品的复杂程度与价格。

(5)后勤保障要求。

(6)其他装备使用或研制中的要求情况。

关于剪裁的对象和范围,原则上,几乎所有标准,除法律、法规必须全部执行的以外,都可以剪裁。高层次的通用面广的标准是剪裁的主要对象。而其他低层次、针对性强的产品标准或其他保证武器装备最低性能要求的标准以及保证作战指挥人员生命安全和健康的标准应持慎重态度,无充分根据不能轻易变更。

在进行无人机电磁兼容工作中用到很多国家标准。如我国的 GJB 151A—97、GJB 152A—97(现被 GJB 151B—2013 取代),这两个标准类似于MIL - STD - 461D、MIL - STD - 462D 标准。

美国于 1997 年 3 月 18 日发布了 MIL - STD - 464《系统电磁环境效应要求》(属国防部接口标准),代替原来的 4 个标准。

① MIL - STD - 1385B《预防电磁场对军械危害的一般要求》。

② MIL - STD - 1818A(1993.10)《电磁效应要求》。

③ MIL - STD - 5087B(1964.10.15)《航空系统的电气搭接和雷电防护》。

④ MIL - STD - 6051D(1967.9.7)《系统电磁兼容要求》。

在标准中建立电磁环境效应接口要求并提出对空中、海上、空间和地面系统的检验依据同时包括相关军械武器。目前该系列标准的最新版本是 2010 年 12 月 1 日发布的 MIL - STD - 464C。

使用最多的标准如表 3 - 5 所列,工程中参考表 3 - 6 中的标准,还使用其他一些标准,在这里不再一一列举。

表 3 - 5   国军标有关电子设备 EMC 设计标准、规范与指南

GJB/Z 122—1999	机载电子设备设计准则	含电磁兼容设计
GJB/Z 124—1999	电磁干扰诊断指南	
GJB/Z 132—2002	军用电磁干扰滤波器选用和安装指南	
GJB/Z 214—2003	军用电磁干扰滤波器设计指南	

表 3 - 6   美军标有关电子设备 EMC 设计标准、规范与指南

MIL - DTL - 2036E	电气和电子设备的机壳军用规范
MIL - HDBK - 419A	电子设备及设施的接地、搭接和屏蔽
MIL - HDBK - 235 - 1C	电气和电子设备、子系统和系统的设计、采购的电磁(辐射)环境考虑

第4章　无人机系统电磁兼容设计

在第3章电磁兼容分析的基础上,本章开始讨论电磁兼容设计方法。首先对无人机电磁兼容设计的概念进行概括;然后介绍无人机系统总体电磁兼容的设计方法;接着对无人机部件、分系统提出针对性的电磁兼容设计方法。本章并没有深入介绍具体的电磁兼容设计和防护的措施,这些具体技术将在第5~9章中介绍。

4.1　无人机电磁兼容设计概述

4.1.1　电磁兼容设计参数

对于电磁兼容设计参数,国家没有统一的规定,这是由产品的多样性和运用场所的不同所决定的。设计师可以参考电磁兼容性相关设计手册、标准和产品规范,提出针对产品的电磁兼容设计参数。

下面提出一种设备的电磁兼容设计参数,仅供参考。

1) 设备的电磁干扰限值

任何电子设备都会产生电磁干扰信号,电磁兼容设计的一个重要任务就是限制干扰的值,以免对其他设备造成不良后果。干扰限值有两个:一个是传导发射干扰限值;另一个是辐射发射干扰限值。对军事装备由 GJB 151A—97、GJB 152A—97 来确定。传导发射干扰限值由 GJB 151A—97 中的 CE101、CE102、CE106 确定,辐射发射干扰限值由 GJB 151A—97 中的 RE101、RE102、RE103 确定,其具体含义见表 4-1。这里要提醒,上述值并不是唯一的。当系统中有灵敏度很高的设备时,辐射发射干扰限值有可能还要提高(比标准要求高)。民品根据产品的不同也有相应条款规定。

表 4-1　GJB 151A—97 部分测试内容的含义(一)

测试项目	含义
CE101	25Hz~10kHz 电源线传导发射
CE102	10kHz~10MHz 电源线传导发射
CE106	10kHz~40GHz 天线端子传导发射

测试项目	含义
RE101	25Hz～100kHz 磁场辐射发射
RE102	10kHz～18GHz 电场辐射发射
RE103	10kHz～40GHz 天线谐波和乱真输出辐射发射

2）设备的抗干扰能力（电磁敏感度要求）

设备的抗干扰能力就是对设备的敏感度要求，即设备对外界电磁干扰的适应性。这也分为两种能力：一种是传导发射敏感度；另一种是辐射发射敏感度。从干扰的来源又可分设备内部（或系统内部）的环境适应性和设备外部（或系统之间）的环境适应性。

对大多数设备传导发射敏感度要求在 GJB 151A—97、GJB 152A—97 中有 CS101、CS106、CS109、CS114、CS115 和 CS116 等；辐射发射敏感度有 RS101、RS103。对有些设备还要求 CS103、CS104、CS105 和 RS105 项目。

表 4-2　GJB 151A—97 部分测试内容的含义（二）

测试项目	含义
CS101	25Hz～50kHz 电源线传导敏感度
CS103	15kHz～10GHz 天线端子互调传导敏感度
CS104	25Hz～20GHz 天线端子无用信号抑制传导敏感度
CS105	25Hz～20GHz 天线端子交调传导敏感度
CS106	电源线尖峰信号传导敏感度
CS109	50Hz～100kHz 壳体电流传导敏感度
CS114	10kHz～400MHz 电缆束注入传导敏感度
CS115	电缆束注入脉冲激励传导敏感度
CS116	10kHz～100MHz 电缆和电源线阻尼正弦瞬变传导敏感度
RS101	25Hz～100kHz 磁场辐射敏感度
RS103	10kHz～40GHz 电场辐射敏感度
RS105	瞬变电磁场辐射敏感度

3）设备的安全裕量

该参数是对设备抗干扰能力的定量指标。虽然在电磁敏感度的考核中已有量化数据，如 RS103 中要求能承受 20V/m 的电场要求，但还不知这一承受能力设计得是否合理？是过设计还是欠设计？这就要通过对设备安全裕量的要求考核做出权衡或评价。

设备的安全裕量与设备敏感的判决标准有关。对裕量的要求与设备敏感后对系统可靠性的影响有关，如果设备敏感后，系统可靠性显著降低，那么就需要提出更高的安全裕量要求。

4.1.2　电磁兼容设计原则

电磁兼容设计的原则如下：

（1）应确立系统和设备电磁兼容设计在产品研制过程中的地位，以期最合理、最经济、最有效地达到设备的电磁兼容性。

（2）设备的电磁兼容设计必须与功能设计同步。

（3）电磁兼容设计应从整个系统、分系统和设备的性能要求、研制经费和研制进度3个方面权衡，用文件和标准对设计进行监督、协调、检查和决策。但由于设计过程中的不确定性，又不能完全拘泥于规范、标准的条款之中。

（4）必须要有全局观点，以保证全系统的电磁兼容性。在产品中常会遇到各部件电磁兼容性能满足标准要求，但组合在一起却不兼容的情况。

（5）必须考虑产品寿命周期内的电磁环境，如若无人机应用于电子战局域网就必须考虑与友邻部队的协同关系，即系统间的电磁兼容问题。

（6）电磁兼容性设计必须与我国的科学技术水准、工艺水平相适应。比如国外要求搭接电阻小于 2.5mΩ，由于我国金属材料防腐能力差，很难达到这一指标，因此可以适当降低标准。

要完全遵循上述6条原则对设备进行电磁兼容设计是相当困难的，就拿第3条所涉及的设计过程的不确定性来说，这是设计中很有特色的一点。电磁兼容设计有很大的灵活性，为达到某一目的，在电路上、方案上、元器件品种和数值上都有许多选择的范围。比如在加固设计时既要满足要求，又不希望加固过头而造成成本上升、重量增加和体积增大。

4.1.3　电磁兼容设计要求

在进行设备功能设计时，不仅应提供设备的功能特性，还应提供对设备的电磁兼容要求，只有这样才能做到电磁兼容与功能设计同步。设备、部件的电磁兼容要求应当由系统的电磁兼容设计师提出，但由于受到水平和经验的制约，常常只能笼统地提出以下要求。

① 按 GJB 151A—97 设计，并根据产品类型进行适当剪裁。

② 按 GJB 152A—97 测验，按照测验矩阵剪裁。

③ 满足系统的电磁兼容要求。

对于民用产品以 GB/T 17626 系列（相当于 IEC 61000 系列）或其他相关标准作为电磁兼容设计依据。

好的系统设计师会对所属部件或设备提出具体的要求。同类产品的设计经验，也可作为新产品电磁兼容设计的依据。另外，可以从企业的产品数据库中寻找相关参考依据。

参照国军标以及无人机飞行器独特的要求和特性提出无人机电磁兼容设计要求,这些要求如下:

(1) 在各种战术、技术情况下各分系统、设备应能正常工作,实现系统的自兼容。

(2) 无人飞行器能适应寿命周期内与外部电磁环境及系统间的兼容,尤其要能适应执行任务时飞行剖面的电磁环境。

(3) 对设备进行分类并提出安全裕量指标。

对牵涉飞行器安全的设备,如机载电源、执行机构(如舵机)、电爆装置、自毁装置等应提出 15~20dB 的安全裕量要求。

(4) 机载电源应符合国军标《飞机供电特性及对用电设备的要求》(GJB 181—86)和《飞机供电特性》(GJB 181A—2003)的要求。

(5) 电缆分类及布线应符合国军标《飞机布线要求》(GJB 1014—90)。

(6) 机载电子设备设计应遵循国军标《机载电子设备设计准则》(GJB/Z 122—99)中 5.7 节的电磁兼容要求。

(7) 防止电磁辐射对人员、军械和燃油的危害。

(8) 提出对静电、雷电和电磁脉冲的防护要求,防雷电应符合国军标《军用飞机雷电防护》(GJB 2639—96)。

(9) 结合无人飞行器提出应用标准的剪裁意见,并制定设备性能降级准则。

(10) 对相关设备提出电磁兼容要求。

4.1.4 电磁兼容设计方法

电磁兼容设计与防护技术包括硬件和软件两个方面。

在硬件方面有屏蔽、滤波、接地与搭接、电缆与导线、连线器和元器件选择等方面的研究。

屏蔽主要是切断辐射干扰的耦合途径,减小互耦。它既能对电磁干扰进行控制,也能阻止外界电磁干扰进入设备壳体。屏蔽可以分电磁屏蔽、电场屏蔽和磁场屏蔽。

滤波主要抑制传导干扰。需重点研究滤波器与电路的配合,尤其是电源滤波器如何抑制电源线上的共模干扰和差模干扰。

接地和搭接技术是十分复杂的。除了给设备和人身提供安全保护地以外,在电磁兼容设计中还要提供各类信号的参考地,如数字信号地、模拟信号地、功率信号地以及设备分类的特殊参考地。要研究如何正确地进行地线布置、接地体设计、接地点选择等(包括搭接),其目的是减小接地公共阻抗的耦合。

电缆、导线、连接器和元器件的选择在电磁兼容设计中往往不被重视,但在实际工作中往往会成为解决电磁发射和抗电磁干扰的重要手段,对其研究很有必要。

在电磁兼容设计中,上述手段在电路和系统中都有其自身的作用,但它们之间也是相互关联、相互补充和相互依赖的。

在软件方面主要工作包括电磁干扰控制管理、频谱资源使用管理和工程实践中的控制、软件无线电、滤波和信号保护技术等。

4.2 无人机系统级的电磁设计

在电磁兼容分析的基础上,在前节设计指导思想下对无人机系统级的电磁兼容进行设计。其内容有数据链体制的选择、系统总体布局(主要讨论天线布局和设备安装)、系统兼容性接口设计、电缆与馈线以及静电、雷电与电磁脉冲(EMP)的防护。

4.2.1 数据链体制

这里所讨论的数据链体制是指无人机所用的上、下行数据链通信体制。无人机的早期产品,由于器件和技术原因大多采用模拟体制,如 AM – AM(调幅 – 调幅)、AM – FM(调幅 – 调频)、FM – FM(调频 – 调频)、PAM – FM – FM(脉冲幅度调制 – 调频 – 调频)、PWM – FM(脉冲宽度调制 – 调频)等体制。现大多由脉冲调制和数字调制体制所替代,如 PCM – FM(M)(脉冲编码调制 – 调频(调相))、PCM – FSK(DPSK) – FM(脉冲编码调制 – 频移键控(差分相移键控) – 调频)等,有时为了提高电子对抗能力,采用扩展频谱(SS)技术(如基带信号采用伪码(PN)调制)。

采用何种体制,其制约因素有以下几个。

(1) 无人机系统的战术技术要求与用途。

(2) 所选择的通信频段。

(3) 对飞行器的抗干扰与电子对抗能力的要求。

(4) 技术水准与技术继承性。

(5) 飞行器研制的周期与经费支持等。

4.2.2 系统总体布局

4.2.2.1 飞机机体

前面已述,无人机机体大多采用透波的玻璃钢复合材料,它不像有人机壳体具有屏蔽效能。在 GJB 151A—97 的 RS103 电场辐射敏感度的要求方面就体现了差别,有人机为 20 ~ 60V/m,无人机为 200V/m。另外,外界的电磁环境也有所不同,对固定翼飞机,频率为 0.01MHz ~ 40GHz,电场峰值最高为 7200V/m,而对旋翼飞机(可供无人机参考),频率为 0.01MHz ~ 45GHz,电场峰值最高为 27460V/m。

装有电子通信对抗发射机的无人机,很容易干扰其他机载电子设备,如机载计算机、舵机、遥控接收机等。由分析可知,其干扰渠道(耦合途径)不外乎天线输入端子、壳体缝隙、电缆口(包括连接器)。实践证明,从天线端子进入的可能性较小,因为在天线隔离度设计中已注意到此类问题,多数是从电缆、壳体进入的。

从电磁兼容设计考虑,机体应注意以下几点。

(1)若无人机电子舱为透波的玻璃钢材料,最好在舱内采取屏蔽措施,喷涂电磁屏蔽涂料。

(2)对机体应用 RCS 缩减措施时,若用涂层或表面膜技术,应注意对机载天线性能的影响。

(3)若无人机在 4000 ~ 5000m 高空作业时,应开展静电与雷电的防护工作。据统计,飞机不同部位和仪表遭电击的概率分别为:天线,27%;机翼,22%;尾翼,21%;机身,15%;螺旋桨,7%;检测孔,6%;其他,2%。

4.2.2.2　天线布局

系统天线布局设计要考虑互耦效应及载体(含装载设备)的影响。若要想进行精确的天线布局设计,必须将天线系统与运载平台及装载设备系统集成仿真。

1)布局设计研究的主要技术参数

(1)设备装载后天线特性的畸变情况。

(2)系统天线之间的隔离度参数。

(3)平台表面周围空间的电磁场分布情况。

(4)平台天线布局优化设计及布局敏感度分析。

2)天线安装的原则

(1)不影响飞机的气动性能。

(2)保证天线的设计性能(增益、方向图、驻波系数和极化性能)。

(3)根据天线的重要程度,优先选择安装的最佳位置。

(4)尽量减小天线之间的耦合度,其措施有以下几个。

① 增加天线间的距离和改变频率,距离和频率两个变量之中任何一个增加 1 倍,天线隔离度可提高 6dB。

② 利用飞机的机身、机翼等遮挡布置收发天线,提高隔离度。

③ 当天线在同一高度上又共线布置时,在天线基座上加隔离地网。

④ 采用共用天线,减少天线数量。据报道在电磁兼容新技术中,采用智能

蒙皮共形加载天线(Smart Skin Conformal Load - bearing Antenna)技术,将机上37根天线用6根天线替代,既能解决电磁兼容问题,又能解决雷达散射截面积(Radar Cross Section,RCS)问题。

(5)考虑天线静电累积的电晕放电。

(6)天线尽可能减小其雷达散射截面 RCS。

(7)考虑与电爆性军械系统、燃油、人员及其他电子设备的兼容性,不能对其构成危害。

4.2.2.3　设备布局

机载电气、电子设备安装原则如下:

(1)机载电子设备的安装应遵循国军标《机载电子设备机箱、安装架的安装形式和基本尺寸》(GJB 441—88)和国军标《机载电子设备的安装架及其附件的基本尺寸》(GJB 780—89)。

(2)机载电子设备的安装还应遵循国军标《机载电子设备设计准则》(GJB/Z 122—99)中的 5.7 节。

(3)无人机平台的电搭接安装应按照国军标《军用飞机电搭接技术要求》(GJB 358—87)。

(4)无人机平台电缆的安装可参照国军标《飞机布线要求　总则》(GJB 1014.1—90)。

4.2.3　系统兼容接口设计

电磁兼容设计师应十分重视这一环节,尤其是对无人机这样复杂的平台系统,如若能抓好,往往可以消除系统试验时许多不兼容现象,其内容大致包括以下几个方面。

(1)分系统间与总体。

(2)信号流程。

(3)设备与总体的搭接与接地系统。

(4)结构、构件、门、窗、孔的接口设计。

4.3　无人机部件、分系统的电磁兼容设计

下面结合无人机研制中的具体部件、分系统所遇到的电磁兼容问题,提出相应措施与意见。

图 4 - 1 所示为一系统或分系统的组成,它是由若干部件(或设备)组成,如接收设备是由天线与馈线、接收机、数据处理器等部件组成。本节讨论图 4 - 1

中的部件（或设备）的电磁兼容设计，即图中所示的部件1、部件2、部件3等。图中以部件2作为设计对象，并表示了与电磁兼容设计有关的材料。

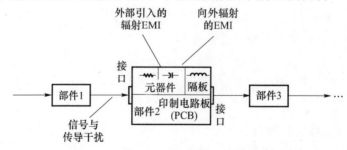

图4-1 部件或设备在系统或分系统的地位示意图

事实上，许多设计师早已在对部件功能设计的同时，自觉或不自觉地在电磁兼容设计方面做了不少工作，如机壳的屏蔽、元件的排列、印制电路板的走线等，只不过没有将这些工作进行归纳，没有强调将电磁兼容作为考核指标提出来。显然，其工作的力度就显得有些不足。对一个部件主管设计师而言，他在完成部件功能设计的同时，应将该部件的电磁兼容设计融入设计文件中去。

由图4-1可以看出，对部件2，以接收设备中的接收机为例，主管设计师除要完成功能（如灵敏度、频带等）设计外，还应使部件的电磁干扰不构成对部件1、部件3及其他设备的干扰；同时，保证其部件功能承受其工作时环境电磁场的干扰。前者就是对部件的EMI的要求，后者就是对部件EMS的要求，这两项就是主管设计师对EMC设计所要承担的任务。

4.3.1 发动机

活塞式发动机的点火装置是由启动装置盒、高压包、高压包导线、火花塞、火花塞帽及发动机开关等组成，它是无人机的重要电磁干扰源。通过辐射干扰测试实验，笔者发现辐射干扰频谱特别宽，为14kHz～1GHz，甚至1GHz以上仍然有少量谱线，但能量主要集中在30MHz以下，低端电场强度可达150～160V/m，必须要采取相应措施。抑制干扰的措施及应考虑的问题有以下几个方面。

（1）在考虑抑制干扰时必须要同时考虑点火的可靠性，后者对发动机更重要。

（2）从上面两个指标综合考虑，电感点火装置优于电容点火装置。

（3）火花塞帽中装有电阻器件，电阻的阻值直接影响高频干扰的抑制能力，也影响发动机的点火能力，应折中选择。

（4）高压包导线采用屏蔽电缆可以抑制干扰的低频分量，但也会影响发动机的点火性能,该导线应越短越好。

(5)启动装置屏蔽会减小电磁干扰,但也会影响点火。

(6)发动机地线的连接很重要,笔者发现,在试车台实验(发动机接大地)与机上测发动机干扰的数值差异较大。

(7)缸温传感器的引线应采取措施——屏蔽或双绞线。

(8)要注意发动机发电电源线电缆的选择。

(9)要注意发动机整流罩的屏蔽和发动机散热的矛盾。

4.3.2　机载发射机

由于要产生功率大的发射信号,从电磁兼容特性分析,应将发射机部件看作干扰的主要产生器,包括主波、谐波和杂波信号,这些信号可通过天线、壳体和电源线等发射出去,对其他设备造成干扰。因此其设计时应注意以下几点。

(1)机箱的屏蔽设计。

(2)电源线、控制线、互连线和地线的设计。

(3)射频输出的谐波和杂波的滤除设计。

(4)电路的工作状态(振荡器和放大器)。

(5)与发射天线的匹配。

(6)频率合成器工作状态的考虑等。

4.3.3　机载接收机

无人机机载接收机有遥控接收机、侦收与引导接收机、测向接收机、中继接收机、卫星导航接收机、寻的雷达接收机等,这是机上最为敏感的设备,它们是辐射干扰的主要承受者。作为接收机的主要设计师,除了完成功能设计外,还必须注意外界的电磁干扰对其性能指标的影响,要注意电磁兼容的设计工作。下面介绍若干注意事项。

(1)要注意干扰发射机谐波进入遥控接收机频段影响其灵敏度和接收效果,如实在无法避免应在型号的电磁兼容使用手册上注明。

(2)早期无人机,由于遥控接收机的频段选择在米波段,发动机的火花干扰会直接影响遥控作用距离。但这并不是说该波段就不能使用,而是有可能要降低灵敏度。

(3)扩展频谱技术对提高信道抗干扰能力是有利的,但实践证明,若解扩电路方案和工程实施不当,不仅不能提高抗干扰能力,甚至还会降低。

(4)接收机解调后的数据处理电路应注意电磁兼容的设计工作(如屏蔽、滤波等),不然会引起设备的自干扰现象。

(5)当在机上联调考验机载接收机性能时,应将接收机调至灵敏度电平下进行。若发现遥控不起作用或操纵不灵敏时,应从信息流程去分析干扰问题所在,观察机上信号同步指示,再进一步查找原因。

接收机部件因为主要用于接收微弱信号,从电磁兼容特性分析,应将它看成十分敏感的部件。因此,对来自外部和接收机内部的电磁干扰的防护,即 EMS 设计非常重要,对其进行 EMC 设计时,应注意以下几点。

(1)电源线机箱入口处处理。

(2)接收机壳体的屏蔽设计,是否需要二次屏蔽。

(3)电路选择是否合适(如放大器的线性动态范围、混频器的动态范围、AGC 电路的选择等)。

(4)消除自激和寄生振荡方面的工作。

(5)输入输出接口方面所采取的措施。

(6)频率合成器工作状态的考虑等。

(7)尽量减少组合频率干扰、副波道干扰、交叉干扰、互调制干扰、倒易混频干扰和阻塞干扰等。

4.3.4 传感装置

传感器装置是无人机机载的重要分系统,若受到电磁干扰,轻则影响测量精度,重则危及飞机的安全。例如,电磁干扰影响了油量传感器,有油指示而没有油,没有油指示而有油,其后果可想而知。传感器的电磁兼容设计必须得到重视,下面举例说明。

1)高度传感器

(1)膜盒式气压高度传感器,将模拟记忆式改成数字记忆式,可以提高抗干扰能力。

(2)膜盒式高度传感器从原理上来是利用飞行高度气压的不同来改变铁芯的位置,引起交流信号的变化而测得高度的,这样,对交流信号频率的选择就有要求。美国早期的膜盒式传感器的交流信号频率比国产高,显然对干扰的滤除要好,且体积小。

(3)在结构上传感器部分与信号处理部分放在一个机盒并将机盒屏蔽,输入输出端口加装穿心电容或磁环,电缆采用屏蔽线等措施。

2)发动机转速传感器

(1)采用光电开关式转速测量装置代替发电机测频装置,这样可以避免发动机火花干扰直接引入测量电路,减小干扰,并消除了带轮松紧带来的测量误差。

(2)输入输出导线采用磁环(实践证明,在靠近发动机处的部件,磁环的效果优于穿心电容)。

3）航向传感器

（1）磁航向传感器,由原来的电压激励型改为电流激励型,可以改善抗干扰能力。这是因为原来只要有毫伏级的干扰信号就会引起测量信号的跳动,采用电流激励后,干扰不足以达到激励功率,可以提高测量稳定性和精度。

（2）在机械结构上将测量部分、机电部分进行组合设计,对同步器和力矩电机在位置配置、磁路设计上做到影响最小。

（3）对电刷采取消火花措施。

（4）在电与磁的干扰方面采取屏蔽措施,测量电路的输入输出采用滤波。

4.3.5　舵机及执行机构

该分系统是无人机必不可少的,它包括升降舵机、副翼舵机、阻力板舵机、风门调节器、气道调节器、切割火头（用于开伞、抛伞等）、引信装置、自毁装置等。若受到电磁干扰,轻则改变飞机的飞行状态,重则引发飞机毁坏,因此不能轻视电磁兼容的设计。尤其用于通信对抗的无人机更应小心谨慎。

（1）一般舵机设计对电磁干扰不是十分重视,因此其传导干扰及辐射干扰测量很难满足要求。而实际舵机的电流（动态）较大,应设法减小干扰。

（2）舵机一般设有反馈电路,所以很容易产生自激。自激频率有时可以分几个频段,如小于 10kHz、小于 1MHz 或小于几十兆赫。在舵机验收时,必须注意这些寄生振荡,并在电路上应采取相应的措施来消除。

（3）在联试中,干扰往往表现在舵机的偏移,但实际上其输入信号是通过飞控机输出的,因此在检查舵机偏移时必须注意输入信号的变化,并采取相应措施。

（4）切割器火工产品在电子对抗型飞机上应特别留意,因干扰发射机会对其控制电路产生干扰。如开伞通道,会危及无人机的安全。若无人机装有引信装置,也应注意类似现象的发生。在电路设计、机壳以及电缆方面应采取相应措施。

4.3.6　飞行控制计算机

飞行控制计算机在无人机中处于特殊地位,它是机载设备中信息流中枢,它不仅是 EMI 的产生源,也是受干扰的敏感设备。在电磁兼容设计方面应着重考虑以下几点。

（1）接地与搭接。

（2）屏蔽与滤波。

（3）电路与元器件选择。

（4）软件抗干扰。

（5）机械接口设计。

（6）电缆接口设计。

下面对有关方面作补充说明。

1）接地与搭接技术

飞控计算机有多种地：电源地、数字信号地、功率地及交流信号地，其布局和接法不能马虎。

（1）单点接地。对频率变化比较缓慢的模拟信号和功率地应采用单点，并直接接到电缆的地线汇流点上，如图4-2所示。

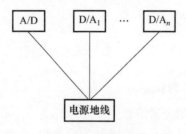

图4-2　单点接地

（2）多点接地。对频率较高的信号电路应采用多点接地。因为飞行控制计算机电路大多采用多层结构，单元电路接地方式是一块覆铜箔接地平板，它不仅能减小接地阻抗，且对内层的信号有屏蔽作用。各电路板是以多点接地方式接到一条短而宽的印制电路板覆铜箔上，如图4-3所示。

图4-3　多点接地

（3）浮地。要切断两个电路单元之间地环路最有效的方法是采用浮地技术，发动机转速测量就是一个很好的例子。

（4）搭接。飞行控制计算机壳体同连接器连接，机箱壳体接地及电压稳压块同印制电路板连接都采用间接搭接。搭接前，应将搭接表面、螺钉、垫片、焊片等进行表面清洁处理，搭接时用足够的压力将搭接处夹紧。

2）屏蔽

（1）机箱设计采用实心型屏蔽，选用铝材，表面进行导电氧极化处理。机箱接缝处采用嵌入式。

（2）机箱内采用多层屏蔽。

（3）屏蔽接地,将飞行控制计算机机箱直接接到电源地上。

（4）信息传输线采用双绞线,一般可降低共模干扰 30～50dB。如果再加屏蔽,则可达 70～75dB。

（5）若采用 1553B 总线,则传输线可选用屏蔽双绞线。

3）滤波

（1）电源滤波。若飞行控制计算机供电为开关电源,则传导噪声干扰较为严重,可用以下滤波方式。

① 铁氧体磁珠、磁环。

② 共模、差模滤波器。

③ 穿心电容。

④ 电容去耦滤波。

一般逻辑电路取去耦电容 C 为 $0.01\mu F$,随机存储器（RAM）集成电路可选择 $0.1\mu F$,一般安装在芯片的输入端。

（2）信号滤波。

① 铁氧体磁珠、磁环,如单孔磁环、双孔磁环、单孔磁柱等。

② 穿心电容。因连接器屏蔽效果不好,为了隔离印制电路板和连接器,中间应加一层屏蔽板,在板上加穿心电容,如图 4-4 所示。

③ RC 滤波器或 LC 滤波器。RC 滤波器对消除尖峰噪声干扰十分有效;LC 滤波器对消除高频噪声干扰有效。

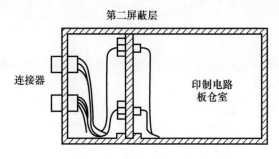

图 4-4 飞行控制计算机结构

4.3.7 天线、馈电与伺服控制设备

天线、馈电设备是将发射机的电功率馈到发射天线,转换成电磁能量,辐射至空间或将空间的电磁能量转换成电压或电流,通过馈线送到接收机输入电路的设备。伺服控制设备是控制天线方位与俯仰的设备。天线实际上是一个能量转换器。按天线理论,发射天线与接收天线是可以互换的。但在实际工程中,由

于发射天线要承受大功率,而接收天线是小功率状态工作,两者有所不同,因此接收天线主要考虑增益指标。对于伺服控制设备,则要考虑控制特性。所以在电磁兼容设计时应注意:

(1) 天线的安装及与其他天线的隔离度。

(2) 天线在平台安装后的性能特性。

(3) 屏蔽电缆的安装和选材。

(4) 有源装置电路的设计。

(5) 伺服控制电路的电磁干扰。

4.3.8 数据处理设备

数据处理设备主要由数字电路组成,包含软件部分,它是电磁干扰的产生器,也易于受到电磁干扰的影响。由于采用较大规模集成电路,印制电路板的设计十分重要。在设计时应注意:

(1) 主时钟中央处理器、存储器和接口的干扰。

(2) 机壳的屏蔽。

(3) 注意互连线、地线的布置。

(4) 二次电源的干扰。

(5) 各个模块的去耦。

(6) 多层板的设计。

(7) 软件的抗干扰措施等。

4.3.9 电源

电源是设备不可或缺的,它是设备电磁兼容设计的重点。电源的品种很多,有 DC/DC、DC/AC、AC/DC,有线性、开关型等。电源的电磁兼容特点:它是主要的电磁干扰源和电磁干扰传播途径:一方面,电源输出的纹波对电路造成干扰;另一方面,干扰会通过电源输入线输送到公共电源线。公共电源线上的干扰也会通过电源输入线进入设备电路中,所以在设计时,应注意:

(1) 电源的瞬变干扰(尤其是开关类电源)。

(2) 晶闸管电源、开关电源产生的干扰。

(3) 逆变器、变流机产生的干扰(尤其是 DC/AC 电源)。

(4) 电源输入输出口的滤波。

(5) 电源中非线性元器件的工作状态。

(6) 变压器的磁场屏蔽。

(7) 电源线所用电缆等。

4.3.10　电机和电气设备

电机和电气设备在无人机系统中,经常产生电磁干扰,如交直流发电机、电动机、变压器、换向器、继电器、电气照明设备等,这种干扰有传导,也有辐射。在强干扰情况下,电气设备可能因干扰,而产生误动作。所以在设计时应注意:

(1)交流发电机的谐波干扰。

(2)电气照明电缆形成的传播途径。

(3)电机的屏蔽与滤波措施。

(4)关注电机的接地与搭接等。

4.4　电路级电磁兼容设计

电源电路、模拟电路(低频、射频、微波)、数字电路等是构成电子设备的基础,许多设计师都有这样的体会,好的电路组装在一起并不一定能达到预期的效果,其中电磁兼容指标就可能不达标。不同的电路有其不同的特性,因此对无人机系统,包括无人机和地面设备电路的电磁兼容设计的考虑也不同。

4.4.1　电源电路

电源电路的电磁兼容特性有以下3点。

(1)由于电源电路输入端连接系统的电网,输出端连接到电子电路,因此电网的干扰信号会通过电源电路干扰电子电路。

(2)电源电路也是一个干扰源,其产生纹波、寄生振荡,开关电源产生尖峰脉冲、开关频率等。

(3)由于电源电路是以低阻抗向电子电路各部分供电,因此噪声很容易进入电路造成干扰。

因而,有人认为,对电源电路采取有效的抗干扰措施,就可以使设备的电磁兼容问题解决一大半,对一些部件的测试也证明了电磁辐射的不合格,大部分问题出现在电源电路。由此电路设计应重点考虑:

(1)开关频率的选择与谐波干扰。

(2)对变压器的屏蔽、绕制方法、磁通泄漏、噪声隔离采取措施,减少通过变压器进入共用电源线的干扰。

(3)注意屏蔽、滤波和接地的有效性。

(4)电路的寄生振荡。

(5)电源的内部结构、元器件安排和导线的布置。

(6)晶闸管噪声的抑制。

4.4.2　模拟电路

模拟电路的电磁兼容主要特性如下：

（1）由于电路要求苛刻，不论噪声大小都会对电路造成不良影响。

（2）电路类型多，有线性、非线性，平衡（差模）、不平衡（共模），大信号、小信号电路等，对电磁兼容性能的影响各异：如线性与非线性所产生的电磁干扰就不同；差模电路与共模电路的抗干扰性能也不一样；信号大小使 EMI、EMS 性能也有差别。

（3）频率高低、带宽大小、输入输出阻抗差异，会直接导致电磁兼容性能不同，如窄频带电路的抗干扰性能优于宽频带电路的抗干扰性能。

（4）各种补偿电路、控制电路会带来新的问题。如增益控制电路如果受干扰，会大大影响放大器的工作效果。

根据上述特性，电路设计应重点考虑：

（1）选择抗干扰性能好的电路。

（2）对非线性电路应注意工作状态的选择。

（3）对小电流电路要注意 EMS 性能；对大电流电路应重视 EMI 的设计。

（4）注意导线敷设、电路安排、元器件及组件的屏蔽情况。

（5）要对输入线、信号线、地线、电源线及互连线进行处理。

（6）电路不能有寄生振荡。

（7）尽可能采用低噪线路、低干扰耦合、元器件优选设计。

（8）电路的带宽设计应尽可能窄，但必须满足功能要求。

（9）注意级间的阻抗匹配。

（10）对模拟信号进行软件滤波。

（11）重视装配工艺，尤其要克服地线公共阻抗的耦合等。

4.4.3　射频电路

射频电路设计的注意事项如下：

（1）射频电路的引线尽可能短。

（2）在设计中，尽可能不破坏电路振荡条件，避免寄生振荡。

（3）分析哪些电路容易释放干扰，哪些电路容易产生寄生振荡，输入输出电路是否已采取电磁兼容措施等。

（4）注意非线性电路的干扰。

（5）采取屏蔽、滤波、去耦、接地措施。

（6）注意电路之间的阻抗匹配及隔离问题。

4.4.4 数字电路

数字电路种类很多,它们有不同的制造工艺、性能特点和用途。这里主要讨论与电磁兼容性能有关的问题,其特点如下:

(1)数字电路有一定的噪声门限,即只有当输入噪声达到一定电平时才能影响数字电路的工作。这意味着电路具有一定的抗干扰能力。

(2)对于部分数字电路,要引起它的误动作(如误触发、翻转等),仅仅超过噪声门限电压还不够,还需要一定的能量,这称为噪声能量容限。

根据上述特性,数字电路设计应重点考虑:

(1)数据电路接口电路的设计。

(2)时钟振荡器的 EMI 控制设计。

(3)屏蔽、滤波、去耦、接地措施的采取。

(4)印制电路板的设计(多层、接地、器件布置及电路选择等)。

(5)脉冲前后沿的设计。

第 5 章 电 磁 屏 蔽

从本章开始,将具体介绍电磁兼容设计防护措施。本章将对屏蔽这一重要技术进行较为详细的介绍,包括屏蔽的机理、屏蔽效能的计算、泄漏的抑制和设计过程。通过本章的学习,读者可以学习到屏蔽的相关知识,并运用于无人机电磁兼容工程的实践中。

5.1 概述

屏蔽是电磁兼容工程中广泛采用的抑制电磁干扰的有效方法之一。屏蔽就是用导电或导磁材料制成的金属屏蔽体将电磁干扰源限制在一定范围内,使干扰源从屏蔽体的一面耦合或辐射到另一面时受到抑制或衰减。

屏蔽的目的有两个:一是限制某一区域内部的电磁能量泄漏,以免干扰该区域外部的其他设备;二是防止区域外部的电磁能量进入该区域,干扰其内部设备。

5.2 屏蔽机理

电磁屏蔽的作用原理是利用屏蔽体对电磁能量的反射、吸收和引导作用将屏蔽区域与其他区域分开,这些作用原理与屏蔽体结构表面上和屏蔽体内感应的电荷、电流以及极化现象密切相关。按屏蔽原理,屏蔽可分为电场屏蔽、磁场屏蔽和电磁场屏蔽。电场屏蔽又可分为静电屏蔽和交变电场屏蔽;磁场屏蔽又分为静磁屏蔽(恒定磁场屏蔽)和交变磁场屏蔽;电磁场屏蔽一般指对辐射场的屏蔽,即对空间传播的交变电磁场的屏蔽。

现在逐项讨论各种类型屏蔽的实现机理和方法。

5.2.1 静电屏蔽

众所周知,带电物体周围存在电场,处于该电场中的其他物体会发生静电感应现象。由电磁理论可知,置于静电场中的导体在静电平衡的条件下,具有下列性质。

（1）导体表面的电场强度矢量的方向与导体表面垂直。

（2）导体内部的电场为零。

（3）整个导体是一个等势体。

（4）导体内部没有静电荷存在,电荷只能分布在导体的表面。

即使是内部存在空腔的导体,在静电场中也具有上述性质。因此,如果把有空腔的导体放入静电场中,由于导体空腔的内表面无静电荷,空腔中也无电场存在,因此空腔导体起到了隔离外部静电场的作用;反之,如果把空腔导体接地,即使空腔导体内部存在带电体产生的静电场,在导体外部也无由空腔导体内部带电体所感应的静电场,这就是静电屏蔽的理论依据。

根据屏蔽原理的不同,静电屏蔽又分为主动静电屏蔽(图 5 - 1)和被动静电屏蔽(图 5 - 2)。

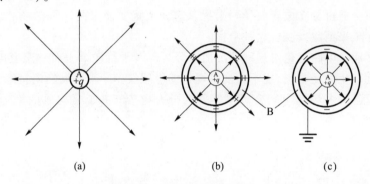

(a)   (b)   (c)

图 5 - 1　主动静电屏蔽

图 5 - 1(a)表示空间中带电量为 + q 的带电体 A 所产生的电场分布。图 5 - 1(b)表示用空腔导体 B 包围带电体 A 时的电力线分布。可以看出,除了导体 B 内部不存在电力线外,它的电场分布与图 5 - 1(a)一致,也就是说,并没有起到屏蔽的作用。图 5 - 1(c)表示将空腔导体 B 接地时的电场分布,这时空腔导体外表面感应出的等量正电荷沿导线流入接地面,其所产生的外部静电场消失,也就是将静电场源所产生的电力线封闭在屏蔽体的内部,屏蔽体才真正起到静电屏蔽作用。这种将电场封闭在屏蔽体内部的静电屏蔽称为主动屏蔽。

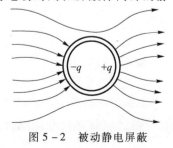

图 5 - 2　被动静电屏蔽

当空腔屏蔽体外部存在静电场干扰时,由于空腔导体为等势体,因此腔体内部不存在静电场,从而实现了静电屏蔽。当屏蔽体完全封闭时,不论屏蔽体是否接地,屏蔽体内部的电场均为零。但在现实工程中,不可能存在完全封闭的理想屏蔽体。如果屏蔽体不接地,就有可能使外部电力线侵入,造成直接或间接静电耦合。为了防止这种现象,此时空腔屏蔽体仍需接地。这种将电场挡在屏蔽体以外的屏蔽方式叫作被动屏蔽。

综上可见,静电屏蔽必须具有两个基本要点,即完整的屏蔽导体和良好的接地。

5.2.2 交变电场的屏蔽

假设有一干扰源,它在周围空间产生一个交变电场,处在该电场中的其他电子设备都会通过分布电容而受到干扰。这种干扰实质上是一种电场感应,可以用电场屏蔽来消除或减弱这种干扰。

下面通过电路理论对这种情况加以分析。设干扰源 g 上有一交变电压 U_g,在其附近产生交变电场,置于交变电场中的敏感设备 s 通过阻抗 Z_s 接地,干扰源对敏感设备的电场感应耦合可以等效为分布电容 C_e,于是构成的耦合回路如图 5 - 3 所示。

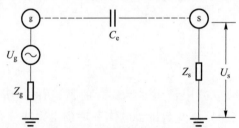

图 5 - 3　交变电场耦合原理

敏感设备上产生的干扰电压为

$$U_s = \frac{j\omega C_e Z_s}{1 + j\omega C_e (Z_s + Z_g)} U_g \qquad (5-1)$$

式中:ω 为干扰源 U_g 的角频率。

从式(5 - 1)可以看出,干扰电压 U_s 的大小与耦合电容 C_e 的大小有关。为减少干扰,可使干扰源与敏感设备之间的距离尽可能远些,这样可以减少二者之间的耦合电容 C_e,使干扰 U_s 减小。如果受空间位置限制距离无法加大或者加大后仍无法满足要求,可以考虑采用电场屏蔽的方法。

为了减少干扰源与敏感设备之间的交变电场耦合,可在两者之间插入屏蔽体,如图 5 - 4 所示。

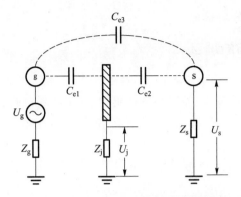

图 5 - 4　存在屏蔽的交变电场耦合原理

由图 5 - 4 可见,插入屏蔽体后,原来的耦合电容 C_e 的作用变为耦合电容 C_{e1}、C_{e2}、C_{e3} 的作用。由于插入屏蔽体后,干扰源与敏感设备之间的直接耦合作用非常小,所以耦合电容 C_{e3} 可以忽略。设屏蔽体的对地阻抗为 Z_j,则屏蔽体上的感应电压为

$$U_j = \frac{j\omega C_{e1} Z_j}{1 + j\omega C_{e1}(Z_j + Z_g)} U_g \qquad (5 - 2)$$

敏感设备上的感应电压为

$$U_s = \frac{j\omega C_{e2} Z_s}{1 + j\omega C_{e2}(Z_j + Z_s)} U_j \qquad (5 - 3)$$

将式(5 - 2)代入式(5 - 3),可得

$$U_s = \frac{j\omega C_{e2} Z_s}{1 + j\omega C_{e2}(Z_j + Z_s)} \cdot \frac{j\omega C_{e1} Z_j}{1 + j\omega C_{e1}(Z_j + Z_g)} U_g \qquad (5 - 4)$$

当 $Z_s \gg Z_j$ 时,有

$$U_s = \frac{\omega^2 Z_s}{\omega^2 Z_s \left(1 + \dfrac{Z_g}{Z_j}\right) - j\omega \dfrac{(1 + Z_s/Z_j)}{C_{e1}} - j\omega \dfrac{(1 + Z_g/Z_j)}{C_{e2}} - \dfrac{1}{C_{e1} C_{e2} Z_j}} \qquad (5 - 5)$$

由此可见,要使 U_s 比较小,则必须使 C_{e1}、C_{e2} 和 Z_j 减少。而从式(5 - 2)知,只有 $Z_j = 0$,才能使 $U_j = 0$,进而使 $U_s = 0$。也就是说,屏蔽体必须具有良好的接地,才能真正将干扰源产生的干扰电场的耦合抑制或消除。如果屏蔽体没有接地或接地不良,反而会增加干扰源与敏感设备之间的耦合,此时的干扰比不加屏蔽体时更强。

从上面的分析可以看到,交变电场屏蔽的基本原理是采用接地良好的金属屏蔽体将干扰源产生的交变电场限制在一定的空间内,从而阻断干扰源与敏感设备之间的传输路径。必须注意的是,交变电场屏蔽要求屏蔽体必须是良导体,

且屏蔽体必须有良好的接地。

5.2.3 低频磁场的屏蔽

低频(100kHz 以下)磁屏蔽(包括静磁屏蔽)是利用铁磁性材料(如铁、硅钢片、坡莫合金等)磁导率高、磁阻小的性质,对干扰磁场进行旁路,让磁场通过磁屏蔽体,从而减小外面的磁场,以实现磁场屏蔽的作用。这时屏蔽体不需要接地。

图 5-5 所示为用铁磁材料做屏蔽罩对低频线圈进行磁屏蔽的情况。

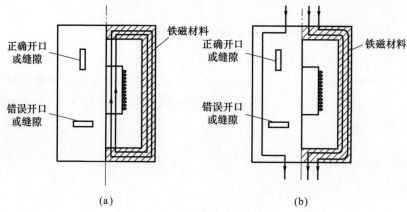

图 5-5　低频磁场屏蔽原理

由于铁磁材料的磁导率很大,根据磁路理论可知,其磁阻比空气中小得多。因此,对图 5-5(a)所示的情况,线圈所产生的磁力线主要沿屏蔽罩通过,即磁力线被限制在屏蔽体内,从而使线圈周围的电子元器件或者电子设备不受线圈所产生磁场的影响。

同样对于图 5-5(b)所示的情况,外界磁场干扰的磁力线也会由于屏蔽体而很少进入屏蔽体内部,从而使外部磁场不会对内部线圈的工作产生干扰。

实际工程中使用的罐状磁芯就是应用了这种原理,用它做电感或变压器的磁芯具有较好的磁屏蔽作用。

使用高磁导率材料应注意以下几点。

(1)用铁磁材料做的屏蔽罩,在垂直磁力线的方向不应开口或者有缝隙,因为若缝隙垂直于磁力线,就会切断磁力线,使磁阻增大,屏蔽效果变差。

(2)磁性材料的磁导率的大小随频率的增大而减小。大多数磁性材料的磁导率值是静态磁导率或者说是直流磁导率。根据电磁场理论可知,随着频率的增大,磁性材料的磁导率会减小。通常,材料的直流磁导率越大,因频率的增大而使磁导率下降的速度越快。图 5-6 给出了不同类型材料的磁导率随频率变

64

化的曲线。可以看出,只有在频率低于 100kHz 时,高磁导率材料才是最有效的磁场屏蔽材料。

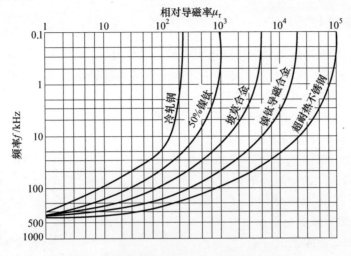

图 5 - 6　不同磁性材料磁导率与频率之间的关系

（3）高磁导率材料经过加工或是受到冲击、碰撞后会发生磁导率降低的现象。因此,必须在加工后进行适当的热处理。

（4）磁导率与外加磁场的强度有关,当外加磁场适中时,磁导率最高。当外加磁场过强时,屏蔽材料会发生饱和。磁饱和时的场强与材料的种类和厚度有关。一旦发生饱和,磁导率迅速下降。材料的磁导率越高,饱和磁场强度越低。

当要屏蔽的磁场很强时,如果使用高磁导率材料,会在强磁场中饱和,丧失屏蔽能力;而使用低磁导率材料,由于吸收损耗不够,将不能满足要求。为了克服磁通饱和问题,可以采用多层磁屏蔽技术,如图 5 - 7 所示。

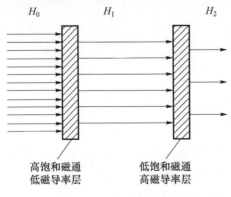

图 5 - 7　多层磁场屏蔽

图 5 - 7 中:第一层屏蔽采用低磁导率材料,它不易饱和;第二层屏蔽采用高

磁导率材料。第一层屏蔽先将磁场衰减到适当的强度,不会使第二层屏蔽饱和,这样第二层高磁导率材料才能够充分发挥屏蔽效能,使磁场衰减到要求的程度。

5.2.4 高频磁场屏蔽

高频磁场的屏蔽通常采用低电阻率的良导体材料,如铜、铝等。其屏蔽原理是,利用电磁感应现象在屏蔽体表面产生的涡流的反磁场对原干扰磁场的排斥作用来抑制或抵消屏蔽体外的磁场。

如图 5 - 8 所示,当高频磁场穿过金属板时,在金属板中就会产生感应电动势,从而形成涡流。金属板中的涡电流产生的反向磁场抵消了穿过金属板的原磁场。同时,感应涡流产生的反磁场增强了金属板侧面的磁场,使磁力线在金属板侧面绕行而过。

如果用良导体做成屏蔽盒,将线圈置于屏蔽盒内,如图 5 - 9 所示,则线圈所产生的磁场将被屏蔽盒的涡流反磁场排斥而被限

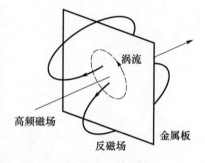

图 5 - 8 涡流效应

制在屏蔽盒内。同样,外界磁场也将被屏蔽盒的涡流反磁场排斥而不能进入屏蔽盒内,从而达到磁场屏蔽的目的。

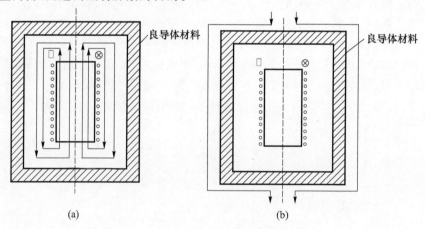

(a)   (b)

图 5 - 9 高频磁场屏蔽

由于良导体金属材料中对高频磁场的屏蔽作用是利用感应涡流的反磁场排斥原干扰磁场而达到屏蔽的目的,所以屏蔽盒上产生的涡流大小直接影响屏蔽效果。下面就逐一讨论影响涡电流大小的因素。

(1)频率。在频率比较高时,屏蔽盒上产生的感应涡流与频率无关。这说明在高频情况下,感应涡流产生的反磁场已足以排斥原干扰磁场,从而达到了磁

屏蔽的作用。

（2）屏蔽材料。屏蔽体电阻越小，则产生的感应涡流越大，而且屏蔽体自身的损耗也越小。所以高频磁屏蔽材料需要用良导体，如铜、铝等。

（3）屏蔽体的厚度。由于高频电流的集肤效应，涡流仅在屏蔽盒的表面层流过，而屏蔽盒的内层被表面涡流所屏蔽，所以高频屏蔽盒无需做得很厚。这与采用铁磁材料做低频磁场屏蔽不同。实际中，一般取屏蔽盒的厚度为 0.2 ~ 0.8mm。

（4）屏蔽盒的缝隙和开口。屏蔽盒在垂直于涡流的方向上不应有缝隙或开口。因为若有缝隙或开口，将切断涡流，这意味着涡流电阻增大，涡流减小，屏蔽效果变差。如果确实需要屏蔽盒缝隙或需要开口，应使缝隙或开口沿着涡流方向，并且缝隙或开口尺寸一般不大于波长的 1/50。

（5）接地。磁场屏蔽的屏蔽盒是否接地不影响磁屏蔽效果。这一点与电场屏蔽不同。但是如果将金属导电材料制成的屏蔽盒接地，它就同时具有电场屏蔽和高频磁场屏蔽的作用。所以实际中屏蔽体都应接地。

5.2.5　地磁场屏蔽

地磁场接近于直流磁场，但实际上它的频率是在 20 ~ 50Hz 范围波动。因此，对地磁屏蔽可看成是对叠加交流场的直流磁场屏蔽。其屏蔽能力用增量屏蔽系数 $\Delta\varepsilon$ 表示。$\Delta\varepsilon$ 取决于增量磁导率 $\Delta\mu$。对半径为 R 的圆球体单层屏蔽或长度为 l 的立方体单层屏蔽，设屏蔽体厚度为 t，则增量屏蔽系数 $\Delta\varepsilon$ 分别为

$$\Delta\varepsilon = 1 + \frac{2}{3} \cdot \frac{\Delta\mu \cdot t}{R} \qquad (5-6)$$

$$\Delta\varepsilon = 1 + \frac{1}{2} \cdot \frac{\Delta\mu \cdot t}{R} \qquad (5-7)$$

增量磁导率 $\Delta\mu$ 是磁感应强度 B 的函数，其最大值等于初始直流磁导率，并随磁感应强度 B 和直流磁导率的增加而减小。在磁化饱和时，$\Delta\mu$ 等于零。因此，为了获得最大的 $\Delta\varepsilon$，屏蔽体应采用高磁导率材料，通过控制剩余磁感应强度 B，来抵消外界直流磁场。控制的方法是，将一个高强度的高斯线圈放在屏蔽室中或靠近屏蔽室，进行急剧磁化和交流去磁，以免屏蔽体磁化饱和或出现不希望的剩余感应，使剩余感应达到所期望的数值。

5.2.6　电磁场的屏蔽

电磁屏蔽是指同时抑制或削弱电场和磁场。电磁屏蔽一般也指高频交变电磁屏蔽。在交变场中，电场和磁场总是同时存在的，只是在频率较低的范围内，电磁干扰一般出现在近场区。如前所述，近场随着干扰源性质的不同，电场和磁

场的大小有很大差别。高电压小电流干扰源以电场为主,磁场干扰可以忽略不计,这时就可以只考虑对电场的屏蔽;低电压大电流干扰源以磁场干扰为主,电场干扰可以忽略不计,这时就可以只考虑对磁场的屏蔽。

随着频率的增高,一些有源器件的电磁辐射能力增加,产生辐射电磁场,并趋向于远场干扰。远场中的电场、磁场均不能忽略,因而就要对电场和磁场同时屏蔽。在高频频段,即使在设备内部也可能形成远场干扰。一般采用导电材料制成的并且良好接地的屏蔽体就能同时起到屏蔽电场和磁场的作用。

5.3 屏蔽效能

屏蔽是抑制电磁干扰的主要方法之一。通常采用屏蔽效能(shielding effectiveness)表示屏蔽体对电磁干扰的屏蔽能力和效果。屏蔽效果如何,用屏蔽效能来衡量,它与屏蔽材料的性能、干扰源的频率、屏蔽体至干扰源的距离以及屏蔽体上可能存在的各种不连续表面的形状和数量有关。屏蔽效能定义为空间某点上未加屏蔽时的电场强度 E_0(或磁场强度 H_0)与加屏蔽后该点的电场强度 E_s(或磁场强度 H_s)的比值,表示为

$$SE = \left| \frac{E_0}{E_s} \right|, \quad SH = \left| \frac{H_0}{H_s} \right| \qquad (5-8)$$

另外,在工程中常常以分贝(dB)为单位,屏蔽效能表示为

$$SE_{dB} = 20lg \left| \frac{E_0}{E_s} \right|, \quad SH_{dB} = 20lg \left| \frac{H_0}{H_s} \right| \qquad (5-9)$$

根据屏蔽效能的定义可以看出,屏蔽效能的数值越大说明屏蔽效果越好。工程设计中屏蔽效能可达到120dB以上。

一般而言,电场和磁场的近场波阻抗不相等,电场屏蔽效能 SE 和磁场屏蔽效能 SH 也不相等,但是对于远场,电场和磁场是一个统一的整体,电磁场的波阻抗是一个常数,电场屏蔽效能和磁场屏蔽效能相等。

计算和分析屏蔽效能的方法主要有解析方法、数值方法和近似方法。解析方法是基于存在屏蔽体和不存在屏蔽体时,在相应的边界条件下求解麦克斯韦方程组。解析方法求出的解是严格解。但解析法只能求解规则形状的屏蔽体(如球壳、柱壳、均匀板等)的屏蔽效能,并且求解比较复杂。数值方法可以用来计算任意形状屏蔽体的屏蔽效能,但数值方法又会使求解的成本过高。为了避免解析方法和数值方法的缺陷,各种近似方法在评估屏蔽体的屏蔽效果中就显得非常重要,在实际工程中获得广泛的应用。下面讨论几种规则形状的屏蔽体,得出一些重要结论和公式,再将这些结论和公式应用到一般情况中去,得出其近似解。

5.3.1 导体平板的屏蔽效能

设有一厚度为 t 的无限大金属平板,电磁波垂直入射到该平板上,如图 5 - 10 所示。由电磁理论知,入射电磁波在分界面上会产生反射和透射,电磁波在金属平板中的传播过程如图 5 - 11 所示(在不失一般性的情况下,这里假设入射波为单位幅度)。

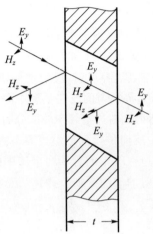

图 5 - 10　金属平板屏蔽效能计算

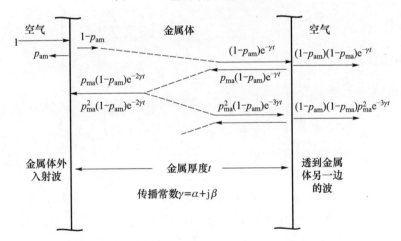

图 5 - 11　电磁波在金属平板屏蔽体中传播过程的示意

(1)电磁波由左边空气入射到空气 - 金属边界,一部分被反射回空气中,这部分波的幅度为

$$p_{am} = \frac{Z_m - Z_0}{Z_m + Z_0} \qquad (5 - 10)$$

69

式中：Z_m 为金属的特征阻抗；Z_0 为空气的波阻抗。另一部分电磁波透射到金属板内，其幅度为

$$T_{am} = \frac{2Z_m}{Z_0 + Z_m} \tag{5-11}$$

（2）透射到金属中的波继续传播，幅度按指数规律衰减，到达右边金属 – 空气边界时幅度为 $T_{am}e^{-\gamma t}$，该波投射到右边空气中后的幅度为 $T_{am}T_{ma}e^{-\gamma t}$，其中 $T_{ma} = 2Z_0/(Z_0 + Z_m)$。

（3）被右边金属 – 空气边界反射的波的幅度为 $T_{am}p_{ma}e^{-\gamma t}$，其中 $p_{ma} = (Z_0 - Z_m)/(Z_m + Z_0)$，这部分波在金属中反向传播到达左边界时的幅度为 $T_{am}p_{ma} \cdot e^{-2\gamma t}$，并再次被左边金属 – 空气边界反射，反射波的幅度为 $T_{am}p_{ma}^2 e^{-2\gamma t}$。

（4）被左边金属 – 空气边界反射的波在金属中向右传播，到达右边界时的幅度为 $T_{am}p_{ma}^2 e^{-3\gamma t}$，这部分波透射到右边空气中的部分的幅度为 $T_{am}T_{ma}p_{ma}^2 e^{-3\gamma t}$，剩余被右边界反射的波在金属中反向传播到达左边界再次被反射……。

根据以上分析，进入右边空气中的总场为金属中的电磁波在左、右两边的金属 – 空气边界多次反射、投射的波的叠加。叠加后总场的幅度为

$$T_T = T_{am}T_{ma}e^{-\gamma t} + T_{am}p_{ma}^2 e^{-3\gamma t} + \cdots$$

$$= T_{am}T_{ma}e^{-\gamma t}\frac{1}{1 - p_{ma}^2 e^{-2\gamma t}}$$

$$= e^{-\gamma t}\frac{4Z_0 Z_m}{(Z_0 + Z_m)^2}\left[1 - \left(\frac{Z_m - Z_0}{Z_0 + Z_m}\right)^2 e^{-2\gamma t}\right]^{-1} \tag{5-12}$$

则屏蔽效能为

$$SH_{dB} = 20\lg(1/|T_T|)$$

$$= 20\lg\left[e^{\gamma t}\left|\frac{(Z_0 + Z_m)^2}{4Z_0 Z_m}\right|\left|1 - \left(\frac{Z_m - Z_0}{Z_0 + Z_m}\right)^2 e^{-2\gamma t}\right|\right]$$

$$= A + R + B \tag{5-13}$$

式中

$$A = 20\lg\gamma t = 8.686\gamma t \quad (dB) \tag{5-14}$$

为吸收损耗，表明的是电磁波在导体中传播的欧姆损耗。

$$R = 20\lg\left|\frac{(Z_0 + Z_m)^2}{4Z_0 Z_m}\right| \quad (dB) \tag{5-15}$$

为反射损耗，表明的是电磁波在空气 – 导体和导体 – 空气界面的反射引起的损耗。

$$B = 20\lg\left|1 - \left(\frac{Z_m - Z_0}{Z_0 + Z_m}\right)^2 e^{-2\gamma t}\right| \quad (dB) \tag{5-16}$$

70

为多次反射损耗。

1）吸收损耗 A

吸收损耗是电磁波通过屏蔽体时，由于金属板感应涡流而产生欧姆损耗，并转变为热能而耗散。与此同时，涡流反磁场抵消入射电磁波而形成吸收损耗。

电磁波在屏蔽体内的传输常数为

$$\gamma = \alpha + j\beta = \sqrt{j\omega\mu(\sigma + j\omega\varepsilon)} \qquad (5-17)$$

式中：σ 为屏蔽体材料的电导率，在讨论电磁屏蔽时有时将电导率记为 $\sigma = \sigma_r\sigma_0$，$\sigma_r$ 是相对电导率，$\sigma_0 = 5.82 \times 10^7 \Omega/m$，为铜的电导率；$\mu$ 为屏蔽体材料的磁导率，$\mu = \mu_r\mu_0$，μ_r 是相对磁导率，$\mu_0 = 4\pi \times 10^{-7} H/m$，为自由空间的磁导率；$\varepsilon$ 为介电常数。

对于良导体 $\sigma = |j\omega\varepsilon|$，$\alpha \approx \beta \approx \sqrt{\pi f\mu\sigma}$，集肤深度 $\delta = 1/\alpha = 1/\sqrt{\pi f\mu\sigma}$，因此有

$$\gamma = \sqrt{j\omega\mu\sigma} = (1 + j)\sqrt{\pi f\mu\sigma} \qquad (5-18)$$

由于只讨论金属板对电磁波的衰减，故只取实数部分，因此

$$A = 20\lg|e^{\gamma t}| = 20\lg e^{t\sqrt{\pi f\mu\sigma}} = 8.6859\alpha t \quad (dB) \qquad (5-19)$$

工程上为了计算方便，常用金属屏蔽材料的相对电导率、磁导率表示吸收损耗，故式（5-14）又可以写为

$$A = 0.131 l\sqrt{f\mu_r\sigma_r} \quad (dB) \qquad (5-20)$$

由式（5-20）可见，吸收损耗随屏蔽体的厚度和频率的增加而增加，也随着屏蔽体材料的相对电导率 σ_r 和相对磁导率 μ_r 的增加而增加。表 5-1 所列为常见金属材料对铜的相对电导率和相对磁导率。

表 5-1　常见金属材料对铜的相对电导率和相对磁导率

材料	相对电导率 σ_r	相对磁导率 μ_r	材料	相对电导率 σ_r	相对磁导率 μ_r
铜	1	1	白铁皮	0.15	1
银	1.05	1	铁	0.17	50 ~ 1000
金	0.70	1	钢	0.10	50 ~ 1000
铝	0.61	1	冷轧钢	0.17	180
黄铜	0.26	1	不锈钢	0.02	500
磷青铜	0.18	1	热轧硅钢	0.038	1500
镍	0.20	1	高导磁硅钢	0.06	80000
铍	0.1	1	坡莫合金	0.04	8000 ~ 12000
铅	0.08	1	铁镍钼合金	0.023	100000

应用表 5 - 1 中数据计算可知,当 $f = 1\text{MHz}$ 时,用 0.5mm 厚的任何金属板制成的屏蔽体都能将场强衰减到原来的 $1/100$ 以下。因此,在选择材料时,应着重考虑材料的机械强度和防腐蚀能力等因素,对低频屏蔽,应采用 μ_r 大的铁磁性材料,如冷轧钢板、坡莫合金等。

2) 反射损耗 R

反射损耗是由屏蔽体表面处的阻抗不连续引起的。通常空气中的特性阻抗远大于金属的特性阻抗,即 $|Z_0| \gg |Z|$,这时式(5 - 15)近似为

$$R \approx 20\lg\left|\frac{Z_0}{4Z}\right| \qquad (5 - 21)$$

式中:Z 为导体的特性阻抗,$Z = (1 + \text{j})\sqrt{\pi\mu f/\sigma}$。

自由空间中的波阻抗在不同类型的场源和场域中是不一样的,讨论如下:

(1)在远场 $\left(r \gg \dfrac{\lambda}{2\pi}\right)$ 平面波干扰情况下,平面波的波阻抗为

$$Z_0 = \sqrt{\frac{\mu_0}{\varepsilon_0}} = 120\pi \quad (\Omega) \qquad (5 - 22)$$

金属屏蔽体(良导体)的特性阻抗为

$$Z = \sqrt{\frac{\text{j}\omega\mu}{\sigma}} = (1 + \text{j})\sqrt{\frac{\omega\mu}{2\sigma}} \qquad (5 - 23)$$

对于铜,$\sigma_\text{Cu} = 5.82 \times 10^{-7}\text{S/m}$,因而

$$|Z_\text{Cu}| = 3.69 \times 10^{-7}\sqrt{f} \quad (\Omega) \qquad (5 - 24)$$

对于任意良导体有

$$|Z| = 3.69 \times 10^{-7}\sqrt{\frac{\mu_\text{r}}{\sigma_\text{r}}f} \quad (\Omega) \qquad (5 - 25)$$

将式(5 - 21)和式(5 - 20)代入式(5 - 15)中,可得远区场平面波反射损耗为

$$R = 168 + 10\lg\left|\frac{\sigma_\text{r}}{\mu_\text{r}f}\right| \quad (\text{dB}) \qquad (5 - 26)$$

(2)对于高阻抗的干扰源,即近区 $\left(r \ll \dfrac{\lambda}{2\pi}\right)$ 电场的波阻抗为

$$Z_0 = -\text{j}120\pi\left(\frac{\lambda}{2\pi r}\right) \qquad (5 - 27)$$

将式(5 - 22)和式(5 - 20)代入式(5 - 15)中,可得近区场的电场反射损耗为

$$R = 321.7 + 10\lg\left(\frac{\sigma_r}{\mu_r f^3 r^2}\right) \quad (\text{dB}) \tag{5-28}$$

（3）对于低阻抗的干扰源，即近区磁场的波阻抗为

$$Z_0 = \mathrm{j}120\pi\left(\frac{2\pi r}{\lambda}\right) \tag{5-29}$$

将式（5-24）和式（5-20）代入式（5-15）中，可得近区场的磁场反射损耗为

$$R = 14.56 + 10\lg\left(\frac{fr^2\sigma_r}{\mu_r}\right) \tag{5-30}$$

从以上讨论可以看出，屏蔽体的反射损耗不仅与屏蔽材料自身的特性有关，还与场源特性、场源至屏蔽体的距离和场源的频率有关。特别地，对于同一屏蔽材料，磁场反射损耗小于平面波反射损耗和电场反射损耗。因此，从可靠性考虑，计算综合的屏蔽效能时应将磁场反射损耗代入计算。

3）多次反射损耗 B

电磁波在屏蔽体内多次反射形成的衰减称为多次反射损耗。多次反射损耗为

$$B = 20\lg\left|1 - q\mathrm{e}^{-2\gamma t}\right| \quad (\text{dB}) \tag{5-31}$$

可以证明，吸收损耗与多次反射损耗的关系为

$$B = 10\lg\left[1 - 2\times10^{-0.14}\cos(0.23A) + 10^{-0.2A}\right] \quad (\text{dB}) \tag{5-32}$$

当屏蔽体较厚时或频率较高时，导体的吸收损耗较大，根据式（5-32）多次反射的影响很小，可以不予考虑。

一般来说，当吸收损耗大于 15dB 时，多次反射损耗可以忽略不计，但当屏蔽体较薄或频率较低时，吸收损耗很小，一般 $A < 15\text{dB}$ 时，多次反射对屏蔽效能的影响必须考虑。

当单层屏蔽不能达到要求时，实际工程中经常使用多层屏蔽（一般为双层屏蔽）结构来加强屏蔽效果。双层屏蔽体的结构如图 5-12 所示。双层屏蔽体中间夹层一般为空气。

双层屏蔽体的屏蔽效能依然可以分为吸收损耗 A、反射损耗 R 和多次反射损耗 B 三部分，即

$$\mathrm{SE} = A + R + B \tag{5-33}$$

式中

$$A = 8.686(\alpha_1 l_1 + \alpha_2 l_2) \tag{5-34}$$

$$R = 20\lg\frac{\left|1 + \frac{Z_1}{Z_0}\right|}{2} + 20\lg\frac{\left|1 + \frac{Z_0}{Z_1}\right|}{2} + 20\lg\frac{\left|1 + \frac{Z_2}{Z_0}\right|}{2} + 20\lg\frac{\left|1 + \frac{Z_0}{Z_2}\right|}{2}$$

$$\tag{5-35}$$

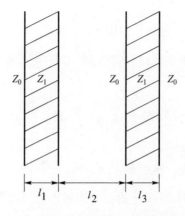

图 5 – 12 双层屏蔽体结构

$$B = 20\lg\left|1 - q_1 e^{-2\gamma_1 l_1}\right| + 20\lg\left|1 - q_2 e^{-2j\beta_0 l_2}\right| + 20\lg\left|1 - q_3 e^{-2\gamma_3 l_3}\right| \tag{5-36}$$

其中

$$q_2 = \frac{(Z_1 - Z_0)\left[Z_0 - Z(l_2)\right]}{(Z_1 + Z_0)\left[Z_0 + Z(l_2)\right]} \tag{5-37}$$

$$q_1 = \frac{(Z_1 - Z_0)\left[Z_1 - Z(l_1)\right]}{(Z_1 + Z_0)\left[Z_1 + Z(l_1)\right]} \tag{5-38}$$

$$q_3 = \frac{(Z_2 - Z_0)^2}{(Z_2 + Z_0)^2} \tag{5-39}$$

$$Z(l_1) = Z_0 \cdot \frac{Z(l_2)\cos\beta_0 l_2 + jZ_0\sin Z_0 l_2}{Z_0\cos Z_0 l_2 + jZ(l_2)\sin Z_0 l_2} \tag{5-40}$$

$$Z(l_2) = Z_2 \frac{Z_0 \operatorname{ch}\gamma_3 l_3 + Z_2 \operatorname{sh}\gamma_3 l_3}{Z_2 \operatorname{ch}\gamma_3 l_3 + Z_0 \operatorname{sh}\gamma_3 l_3} \tag{5-41}$$

若取两个材料和厚度都相同的屏蔽体,即

$$l_1 = l_2 = l_3, \gamma_1 = \gamma_2 = \gamma_3, Z_1 = Z_2$$

则式(5 – 34)至式(5 – 36)可化简为

$$A = 2 \times 8.686\alpha t \tag{5-42}$$

$$R = 2 \times \left[20\lg\left|\frac{(Z + Z_0)^2}{4ZZ_0}\right|\right] \tag{5-43}$$

$$B = 20\lg\left|1 - q_1 e^{-2\gamma_1 l_1}\right| + 20\lg\left|1 - q_2 e^{-2j\beta_0 l_2}\right| + 20\lg\left|1 - q_3 e^{-2\gamma_3 l_3}\right| \tag{5-44}$$

以上讨论就是无限大导体板的屏蔽效能,在实际工程中,屏蔽体的形状还有方形、球形和圆柱形等,但只要这些屏蔽体的几何尺寸远大于干扰信号的波长,都可以按照无限大导体平板来处理。

5.3.2 孔缝电磁泄漏

上一节讨论的无孔洞的理想屏蔽体称为实心屏蔽体,然而在实际工程中,这种理想的屏蔽体是不存在的。以图5-13所示的机箱为例,在金属面的接缝处难免存在缝隙,并且由于的电缆进出、通风散热、测试与观察的需要,总要在机箱上开孔。各种无法避免的不连续缝隙、孔洞,破坏了屏蔽体的完整性,造成了电磁能量的泄漏,使得屏蔽体效能降级。

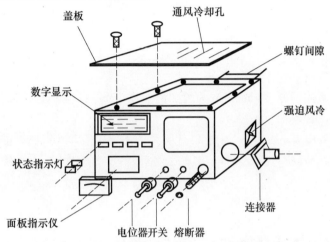

图5-13 典型机箱壳体不连续结构示意图

影响屏蔽效能的因素有孔洞泄漏、缝隙泄漏、观察通风口泄漏和滤波泄漏等。屏蔽体内的总泄漏场应为多个泄漏因素所造成的泄漏场的叠加。屏蔽体的屏蔽效能是由各个泄漏因素中产生最大泄漏的因素所决定的,即是由屏蔽最薄弱的环节所决定的。

5.3.2.1 缝隙电磁泄漏

设屏蔽体上有一个缝隙,如图5-14所示。当电磁波入射到缝隙时,就会发生电磁泄漏。

(1)当干扰电磁波频率较低、屏蔽体比较薄($l \ll \lambda$)、缝隙比较短($L < \lambda/2$)时,该缝隙相当于一个偶极子天线。它会将激励缝隙的能量再次辐射出去。在这种情况下,可用式(5-45)近似计算缝隙的屏蔽效能:

$$SE = 100 - 20\lg L - 20\lg f + 20\lg(1 + 2.3\lg(L/h)) \qquad (5-45)$$

式中:L为缝隙的长度(mm);h为缝隙的宽度(mm);f为入射电磁波的频率(MHz)。

(2)当电磁波频率比较高、屏蔽体比较厚、缝隙又比较长时,屏蔽效能的近

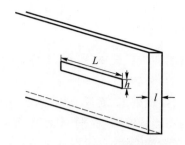

图 5 - 14 屏蔽体缝隙结构模型

似计算公式为

$$SE = 27.27 \frac{l}{h} + 20\lg \frac{(1+k)^2}{4k} \qquad (5-46)$$

式中: l 为屏蔽体的厚度(mm); h 为缝隙的宽度(mm); k 为缝隙波阻抗与自由空间波阻抗之比。

近区磁场中 $k = h/\pi r$ (r 为缝隙离场源的距离);远区平面波电磁场中 $k =$ j6.69 × 10^{-6}fh,其中: f 为入射电磁波的频率,单位为 MHz; h 为缝隙宽度,单位为 mm。

5.3.2.2 孔洞电磁泄漏

1) 单孔或多孔电磁泄漏

许多屏蔽体需要开导线引入、引出孔,调节轴安装孔,开关安装孔,因而产成单孔的电磁泄漏。屏蔽体的这种不连续性所导致的电磁泄漏主要取决于孔隙的最大线性尺寸、波阻抗、干扰源的频率大小。设金属屏蔽板上开有尺寸相同或相近的 n 个孔,每个圆孔的面积为 S_1,每个矩形孔的面积为 S_2,屏蔽板的整个面积为 S。

假定孔洞的面积远小于整个屏蔽板的面积,即 $\sum S_1 << S$ 或 $\sum S_2 << S$,又假定孔洞的最大线性尺寸远小于干扰源的波长。对于圆孔,其直径 $D << \lambda$;对于矩形孔,其长边 $b << \lambda$。当这些条件都满足时,孔洞的屏蔽效能的计算公式如下:

对于圆孔,有

$$SE = -20\lg\left(4n \cdot \left(\frac{S_1}{S}\right)^{\frac{3}{2}}\right) \qquad (5-47)$$

对于矩形孔,有

$$SE = -20\lg\left(4n \cdot \left(\frac{kS_2}{S}\right)^{\frac{3}{2}}\right) \qquad (5-48)$$

式中: S_1 为圆孔面积; S_2 为矩形孔面积; S 为屏蔽板面积;系数 $k = \sqrt[3]{(b/a)\xi^2}$,当

76

$b/a \approx 1$ 时 $\xi = 1$，当 $b/a \gg 5$ 时 $\xi = \dfrac{b}{[2a\ln(0.63 \cdot b/a)]}$，当 $b/a \ll 1$ 时按缝隙的

电磁泄漏计算传输系数。

2）孔阵的电磁泄漏

为了通风散热，往往需要在机壳上开一系列的小孔或者是使用屏蔽金属网。这时必须考虑由这些小孔构成的孔阵的屏蔽效能，而影响通风窗口屏蔽效能的因素主要有场源特性、场源频率、屏蔽体至场源的距离、窗口面积、窗口形状、屏蔽体的材料特性和屏蔽体厚度等。对于这种情况，在实际工程中，可以使用式（5-49）来计算孔阵和金属网的屏蔽效能，即

$$SE = A + R + B + K_1 + K_2 + K_3 \tag{5-49}$$

式中：A 为孔的吸收损耗；R 为孔的反射损耗；B 为孔的多次反射损耗；K_1 为孔数目修正系数；K_2 为低频穿透修正系数；K_3 为孔间耦合修正系数。

（1）孔的吸收损耗 A。当入射电磁波的频率远小于截止波导管的截止频率时，电磁波通过孔洞时产生的损耗用下式计算。

对于矩形孔，有

$$A = 27.3\frac{l}{w} \quad (\text{dB}) \tag{5-50}$$

对于圆形孔，有

$$A = 32\frac{l}{D} \quad (\text{dB}) \tag{5-51}$$

式中：l 为孔的深度（mm）；w 为矩形孔的宽边长度（mm）；D 为圆形孔的直径（mm）。

（2）孔的反射损耗 R。根据入射波的波阻抗和孔的特性阻抗，反射损耗表示为

$$R = 20\lg\left[\frac{(1+k)^2}{4k}\right] \tag{5-52}$$

式中：k 为孔的波阻抗与自由空间的波阻抗之比。k 的取值如下：

对于近区磁场和矩形孔，$k = w/\pi r$；对于近区电场和矩形孔，$k = -4\pi wr/\lambda^2$；对于远区平面波和矩形孔，$k = \text{j}6.69 \times 10^{-6}fw$。

对于近区磁场和圆形孔，$k = 0.272D/r$；对于近区电场和圆形孔，$k = -3.14\pi Dr/\lambda^2$；对于远区平面波和圆形孔，$k = \text{j}5.79 \times 10^{-6}fD$。

这里 r 均为干扰源至屏蔽体的距离，单位为 mm。

（3）多次反射损耗 B。当孔的吸收损耗 $A > 15\text{dB}$ 时，多次反射损耗可忽略不计，当孔的吸收损耗 $A < 15\text{dB}$ 时，多次反射损耗 B 必须考虑，并可由式（5-53）计算，即

$$B = 20\lg \left| 1 - \frac{(k-1)^2}{(k+1)^2} 10^{-\frac{A}{10}} \right| \qquad (5-53)$$

式中:k 的取值与式(5-52)相同。

(4)孔数目修正系数 K_1。当干扰源到屏蔽体的距离 r 远大于孔洞直径时,K_1 由式(5-54)确定,即

$$K_1 = -10\lg(sn) \qquad (\text{dB}) \qquad (5-54)$$

式中:s 为单个孔洞的面积(cm^2);n 为每单位面积(cm^2)上孔的数目。需要注意的是,当干扰源非常靠近屏蔽体时,K_1 可以忽略不计。

(5)低频穿透修正系数 K_2。在低频时,金属的趋肤深度 δ 较大,这会引起屏蔽效能的下降。当 δ 与孔洞的尺寸或孔洞间隔可以比较时,必须引入 K_2 进行修正,即

$$K_2 = -20\lg(1 + 35m^{-2.3}) \qquad (\text{dB}) \qquad (5-55)$$

式中:各参数的意义讨论如下:对于金属丝网,$m = \dfrac{\text{线直径}}{\text{趋肤深度}}$;对于孔阵,$m = \dfrac{\text{孔洞间导体的宽度}}{\text{趋肤深度}}$,趋肤深度 $\delta = \dfrac{1}{\sqrt{\pi f \mu \sigma}}$。

(6)孔间耦合修正系数 K_3。当屏蔽体上的孔洞很密、各个孔洞相距很近时,相邻孔洞间的耦合将提高屏蔽效能。孔间耦合必须由孔间耦合修正系数 K_3 进行修正,即

$$K_3 = 20\lg\left[\coth\left(\frac{A}{8.686}\right) \right] \qquad (\text{dB}) \qquad (5-56)$$

5.3.3 截止波导的电磁泄漏

带孔隙的金属板、金属网对超高频以上频率的电磁波基本没有屏蔽效果,可采用截止波导来解决超高频时通风孔等的屏蔽问题。波导是简单的管状金属结构,它在电气上呈现高通滤波器的特性。波导允许截止频率以上的信号通过,而低于截止频率的信号被阻止或衰减。利用这个特性,可以设计波导的截止频率,使干扰信号的频率落在波导的截止区内,这样干扰信号就不能穿过波导,换言之,波导起到了电磁屏蔽的作用。工作在截止区的波导称为截止波导。

单根截止波导的横截面有矩形、圆形和六角形,如图5-15所示。

由波导理论,波导的截止频率 f_c 只与波导的尺寸有关。

(1)矩形波导:

$$f_c = \frac{15}{a} \times 10^9 \qquad (\text{Hz}) \qquad (5-57)$$

式中:a 为矩形波导宽边的尺寸(cm)。

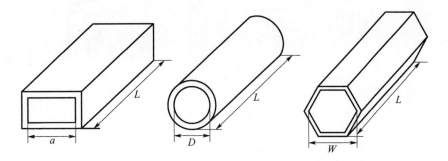

图 5 – 15　截止波导的结构

（2）圆形波导：

$$f_c = \frac{17.6}{D} \times 10^9 \quad (\text{Hz}) \tag{5-58}$$

式中：D 为圆波导的直径（cm）。

（3）六角形波导：

$$f_c = \frac{15}{W} \times 10^9 \quad (\text{Hz}) \tag{5-59}$$

式中：W 为六角形波导管内壁外接圆的直径（cm）。

当 $f \ll f_c$ 时，截止波导的屏蔽效能计算式如下：

对于矩形波导，有

$$SE = 27.3 \frac{L}{a} \quad (\text{dB}) \tag{5-60}$$

对于圆波导，有

$$SE = 32 \frac{L}{D} \quad (\text{dB}) \tag{5-61}$$

对于六角形波导，有

$$SE = 27.35 \frac{L}{W} \quad (\text{dB}) \tag{5-62}$$

式中：L 为波导管的长度。

实际使用的截止波导管都是由许多单根波导管排列在一起形成蜂窝状的通风孔。它可以增大通风面积，满足散热要求，提高屏蔽效能。蜂窝状截止波导管的结构如图 5 – 16 所示。

总之，孔缝的电磁泄漏与其最大线性尺寸、孔缝数量和干扰源的波长有密切关系。在相同面积的情况下，缝隙比孔洞的电磁泄漏更严重，矩形孔比圆形孔的电磁泄漏更严重。

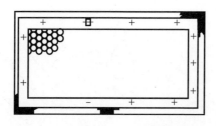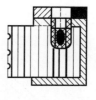

图 5 – 16　蜂窝状截止波导管结构

5.4　孔缝泄漏的抑制

1）缝隙的屏蔽

孔缝泄漏抑制的重点之一就是缝隙的电磁干扰屏蔽。缝隙的电磁干扰屏蔽分为永久性缝隙屏蔽和非永久性缝隙屏蔽。屏蔽壳体上的永久性缝隙应采用焊接工艺密封。目前常采用氩弧焊,它可以保证焊接面的平整性。对于非永久性配合面形成的缝隙,如果不使用导电衬垫,则首先要清洁和整平接触面,然后紧固,紧固时要有较大的接触压力。接触面不能有任何腐蚀或经过阳极化处理。只要处理得当,各种铁磁材料接缝的屏蔽性能可以与材料本身一样好。

对于那些配合面不太平整或已经变形但仍然是高导电面的接缝,使用各种弹性导电衬垫作为电磁屏蔽结构是最有效的方法。常用的导电衬垫有金属丝网衬垫、导电橡胶衬垫、铍铜指形弹簧片衬垫和卷曲螺旋弹簧衬垫等。图 5 – 17 给出了一些衬垫的典型安装结构,其中图 5 – 17(a)、(b)所示为薄板材料屏蔽盒衬垫安装的结构,图 5 – 17(c)所示为厚板材料屏蔽盒衬垫安装的结构,图 5 – 17(d)所示为梳形簧片衬垫安装的结构。

金属丝网衬垫是用铍铜丝、蒙乃尔丝或不锈钢丝编织成管状长条,外形很像屏蔽电缆的屏蔽层。但它的编织方法与电缆屏蔽层不同,电缆屏蔽层是用多根线编成的,而这种屏蔽衬垫是由一根线织成的。为了增强金属网的弹性,有时在网管内加入橡胶芯。金属丝网衬垫适用于安装在机柜、机箱装配面(如门、盖板)等处减小缝隙,保持装配面的电连续性。

铍铜指形簧片衬垫具有形变范围大、屏蔽性能优良、重量轻、安装方式灵活等优点,被广泛应用在军用电子设备中。

导电橡胶衬垫是在硅橡胶内填充占总重量 70% ~ 80% 的金属颗粒,如银粉、铜粉、铝粉、镀银铜粉、镀银铝粉、镀银玻璃球等。这种材料保留一部分硅橡胶良好弹性的特性,同时具有较好的导电性。它主要用于要求密封和屏蔽频率特别宽的场合。适用于中、小型军用电子机箱和微波波导系统。

卷曲螺旋弹簧衬垫分为普通型和高性能型两类。普通型由不锈钢绕制而

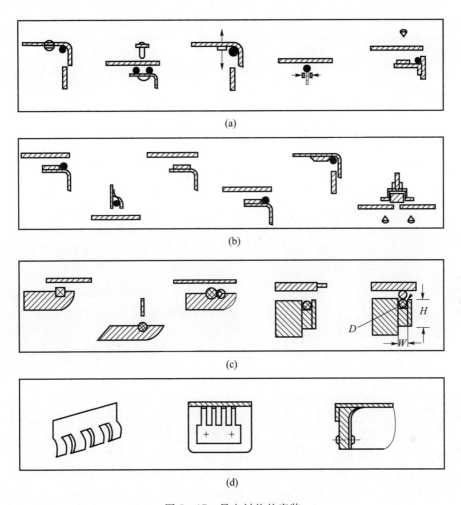

图 5 - 17 导电衬垫的安装

成,能提供 100dB 以上的屏蔽效能,适用于各种普通设备;高性能型由镀锡铍铜绕制而成,屏蔽效能可达 160dB,抗化学腐蚀性能好,可满足各种军用设备及抗恶劣环境要求。

选择电磁密封衬垫时要考虑 4 个因素,即屏蔽效能要求、有无环境密封要求、安装结构要求和成本要求。不同衬垫材料的优、缺点和适用场合如表 5 - 2 所列。

表 5 - 2 不同衬垫材料特性的比较

衬垫种类	优点	缺点	适用场合
导电橡胶	同时具有环境密封和电磁密封作用 高频屏蔽效能高	需要的压力大 价格高	需要环境密封和较高屏蔽效能的场合

衬垫种类	优点	缺点	适用场合
金属丝网条	成本低 不易损坏	高频屏蔽效能低,不适合1GHz以上的场合 没有环境密封作用	干扰频率为1GHz以下的场合
指形簧片	屏蔽效能高 允许滑动接触 形变范围大	价格高 没有环境密封作用	有滑动接触的场合 屏蔽性能要求较高的场合
螺旋管	屏蔽效能高 价格低 复合型能同时提供环境密封和电磁密封	过量压缩时容易损坏	屏蔽性能要求高的场合 有良好压缩限位的场合 需要环境密封和很高屏蔽效能的场合
多重导电橡胶	弹性好 价格低 可以提供环境密封	表层导电层较薄,在反复摩擦的场合容易脱落	需要环境密封和一般屏蔽性能的场合 不能提供较大压力的场合
导电布衬垫	柔软,需要压力小 价格低	湿热环境中容易损坏	不能提供较大压力的场合

另外,使用电磁屏蔽衬垫时应注意以下问题:首先,要注意衬垫的压缩限位,任何衬垫受到过量压缩时都会损坏,衬垫损坏后,弹性变得很差,失去有效的密封作用;其次,要注意接触面的清洁,否则接触面的导电性降低,屏蔽效能降低;最后,防止衬垫的腐蚀,电磁密封衬垫与屏蔽体基体之间发生电化学腐蚀的必要条件是潮气和腐蚀性气体,因此,防止腐蚀的一个方法是用一层密封层将电磁密封衬垫与环境隔离开。

市场中常见的衬垫包括以下几种。

（1）金属编织网屏蔽衬垫。富有弹性的金属编织屏蔽衬垫由标准的编织金属网制成,主要有矩形、圆形、带鳍双芯型及P形衬垫。由一根金属丝编织的网是由许多连续的环构成,它充当了缩小的弹簧,使衬垫保持着优良的弹性。全金属编织网屏蔽衬垫不能提供环境的密封,压缩必须控制在一定的范围内以防永久变形。通常推荐压缩比例是厚度的38%。温度限制在该金属的软化点范围之内。

（2）环境密封的金属网屏蔽衬垫。由橡胶芯编织网屏蔽衬垫和橡胶组合构成了环境密封的屏蔽衬垫。橡胶可以是氯丁橡胶、三元乙丙橡胶（EPDM橡胶）、硅橡胶等。另外,全金属编织网的矩形衬垫可以由氯丁橡胶用胶粘贴以达到防水的要求。该产品既能很好地屏蔽,又能对尘土/液体起到密封作用,而且能被压缩到衬垫高度的50%。

（3）橡胶芯编织网屏蔽衬垫。橡胶芯编织网屏蔽衬垫由编织屏蔽网包在弹性橡胶芯上组成。屏蔽网通常只是单层的,也有多层的屏蔽网以满足特殊屏蔽的需求。橡胶芯可以是发泡氯丁橡胶、EPDM 橡胶、硅橡胶发泡实心体及空心体。该产品特别适合机壳的门的周围密封。正常的压缩是衬垫名义厚度的35% ~40% 。可提供的衬垫剖面有圆形、矩形、P 形及带鳍双芯形。

2）通风窗口的屏蔽

在一些机箱的设计中,为了通风和散热,往往需要在机箱上面留一些通风孔。对于通风孔的屏蔽,在低频时可以采用穿孔金属板作通风窗口或采用金属丝网覆盖通风口的方法;在高频时就需要使用截止波导式的蜂窝板。截止波导式的蜂窝板具有频带宽、风阻小、风压损失少、机械强度高和工作可靠稳定等优点。它的缺点是体积大、成本高且难以实现平面安装。通常用在屏蔽效能要求高、通风散热量大的屏蔽室或大型设备的通风孔处。

在设计截止波导板时,首先应根据欲屏蔽的电磁波的最高频率 f 来确定波导的截止频率 f_c。为使波导有足够的衰减,应满足 $f_c \gg f$,一般取 $f_c = (5 \sim 10)f$。再根据所要求的屏蔽效能计算波导的长度,一般取 $L \gg 3D$,其中 D 为波导的最大线性尺寸。实际中使用的截止波导板如图5 – 18 所示。

图 5 – 18　蜂窝状截止波导的实物

在将截止波导应用到屏蔽体上时,要注意以下几个问题,这些问题往往被设计人员忽视。

（1）波导管必须是截止的。许多设计人员在使用截止波导衰减公式计算衰减时忽略了这个条件。波导管对于截止频率以上的电磁波没有任何衰减作用。要应用衰减计算公式,至少要使波导的截止频率是所屏蔽频率的 5 倍。在一些特殊场合,如果作为截止波导使用的金属管道的直径超过所设截止频率对应的最大直径时,可以在波导管上加装一段蜂窝板材料。安装蜂窝板后,金属管道的直径可以增加到所希望的任何尺寸,还能保持高的屏蔽效能,而且对整个金属管道来说,不必要求其直径与长度之比,因为蜂窝板本身已保证了直径与长度比。

（2）不能有金属材料穿过截止波导管。有些设计人员虽然注意了波导截止的问题,但是常常将金属材料穿过波导管,这些金属材料包括器件的调节杆、电缆等。当有金属材料穿过截止波导管时,会导致严重的电磁泄漏。需要注意的是,有些光缆的内部加有金属加强筋,这时将光缆穿过截止波导时也会引起泄漏。

（3）波导管的安装。波导与屏蔽体基体之间的连接也是一个潜在的泄漏源。最可靠的方法是焊接,在屏蔽体上开一个尺寸与波导管截面相同的孔,然后将波导管的四周与屏蔽体连续焊接起来。如果波导管本身带法兰盘,利用法兰盘来将波导管固定在屏蔽体上,需要在法兰盘与屏蔽体基体之间安装电磁密封衬垫。

3）观察窗的屏蔽

对于雷达指示器、计算机显示器、精密仪器仪表的数字及图像显示窗口及屏蔽室的窗口等,必须使用屏蔽窗以防止电磁泄漏。屏蔽窗可由特殊处理后的屏蔽丝网衬于聚丙烯或玻璃之间制成。目前应用的各种屏蔽窗在 9kHz ~ 1.5GHz 频带内,屏蔽效能可达 80dB 以上,并且有观察图形不失真、清晰度高等特点。

4）面板表头的屏蔽

设备面板上安装表头开关时,应注意屏蔽问题,以减少电磁泄漏。

5）旋转调节孔的屏蔽

设备机箱面板上经常留有安装调节元件（如可变电容器、电感器、电位器、波段开关等）调节孔,此时调节轴与调节孔之间所存在间隙,同样会产生较大的电磁泄漏。若控制轴柄是金属的,则必须用导电衬垫或金属梳齿弹簧片与机箱相连,以达到接地的目的。如果控制轴是用绝缘材料制成,可在通过屏蔽箱时使用截止波导（只能采用圆波导）。在圆波导内放入绝缘介质后的截止频率为

$$f_c = \frac{17.6}{D\sqrt{\varepsilon_r}} \times 10^9 \tag{5-63}$$

式中:D 为孔的直径（cm）;ε_r 为绝缘材料的相对介电常数。

6）熔断器插座、耳机、电话和仪表插孔的屏蔽

一般熔断器插座要求屏蔽机箱开孔较大,应在这些导线的入口处安装相应的 EMI 滤波器。

7）引线孔的屏蔽

引线孔包括各种电源线、信号线、指示灯等,应在这些导线的入口处安装相应的 EMI 滤波器。对电源应加电源滤波器,信号线应加上信号滤波器。另外,为防止高频干扰,在导线与外壳之间应加穿心电容。

8）非金属机箱的屏蔽

对于一些使用非金属材料（如 ABS、PPO 等工程塑料）制成的机箱,可以用喷涂、真空沉积以及贴金属膜等技术,给机箱包上一层导电薄膜。

5.5　电磁屏蔽设计

电磁屏蔽设计是电磁兼容设计中的一项重要内容,是电子设备结构设计中重要的组成部分。其设计过程可归纳如下:

(1)根据设备和电路单元、部件的工作环境和电磁兼容性要求,提出确保正常运行所必需的屏蔽效能值。对于接收机、高灵敏传感器等敏感设备,应该根据敏感度值和工作环境的干扰场强确定机箱的屏蔽效能。对于一些大、中功率的信号发生器或发射机的功放设备,可根据这类设备的辐射发射极限值及其自身的辐射场强来确定屏蔽效能的要求。

(2)按所需要的屏蔽效能值确定屏蔽的类型。对屏蔽要求不高的设备,为了减轻重量、降低成本,可采用导电塑料制成的机壳或一般塑料机壳上喷涂导电层构成薄膜屏蔽。若屏蔽要求较高,可采用薄金属板制成的机壳。若要求有很高的屏蔽效能,则要采用双层屏蔽或多层屏蔽结构。

(3)由屏蔽体的功能(机箱或设备的屏蔽)、允许的屏蔽空间确定屏蔽体的尺寸、形状和结构形式。

(4)针对干扰场强的特性和所处的场所,根据实心型屏蔽理论合理选择屏蔽体的材料,并按屏蔽体的机械特性(刚度和强度)和屏蔽效能值确定屏蔽体的厚度。一般屏蔽体均存在电磁能量的泄漏途径,按实心型屏蔽理论计算屏蔽层的厚度时应留有余地。

(5)进行屏蔽体的完善性设计,也就是要根据设备的具体要求和生产工艺条件选择相应的措施,以抑制屏蔽体上所有的电气不连续处造成的电磁能量的泄漏。屏蔽的完善性设计是屏蔽设计中工作量和难度最大的部分,其设计质量将直接影响屏蔽体的屏蔽效能,不应该把希望全部寄托在导电衬垫上。

(6)选择适当的元件、器件和组件。实际使用的无源元件和有源元件都不是理想元件,其特性与理想的特性也是有差别的。从电磁干扰角度看,元件本身可能是一种干扰源,需要采取抑制措施,但是也可以利用元件的特性抑制和防止干扰的发生。如空心电感器如果用作滤波器的高频扼流元件,可抑制高频干扰,但它本身又产生干扰磁场,因此使用时要将它屏蔽起来。另外,线绕电阻在高频时会呈现串联电感,它和杂散电容可能形成并联谐振回路,从而产生干扰,所以要尽量少用或不用这种电阻。选择有源元件时,尽量使用低噪声的器件,以减少噪声干扰。对有些组件,如继电器等,尽量选用无触点继电器,以减少触点放电干扰。

(7)在设计屏蔽体时,应该让屏蔽体的谐振频率远离干扰信号频率,否则,当干扰信号的频率等于屏蔽体的谐振频率时会产生共振现象,这将大大降低屏蔽体的屏蔽效能。

第6章 EMI 滤波器

第5章介绍了电磁兼容设计和防护的一项重要技术,即屏蔽。本章的滤波器设计是另一项重要技术。EMI 滤波器是减少电磁干扰,提高电磁干扰防护能力的重要工具之一,是 EMC 设计中必不可少的器件,在 EMC 领域中占有重要的一席之地。本章将介绍 EMI 滤波器的功能、分类、特点以及设计、使用原则和指南。

6.1 概述

6.1.1 EMI 滤波器的功能

EMI 滤波器的功能是通过切断干扰的传输途径实现的。在电路中,采用滤波器能将信号通过通带传输到目的地,而将干扰信号通过阻带进行衰减,使其降低到最低限度。

EMI 滤波器不仅能抑制传导干扰,也能抑制辐射干扰。如电路或设备的外接电缆未采用屏蔽线或双绞线,则会造成天线效应,即产生辐射干扰。若在电缆插头接口处加装滤波器,可以减小此类干扰。

采用 EMI 滤波器不仅能减少干扰,也能提高抗扰度。在进行设备的传导干扰或抗扰度电磁兼容测试时,若发现不合格或不兼容,则在相关地方加装 EMI 滤波器,效果明显。

6.1.2 EMI 滤波器的分类

分类可以帮助人们更好地了解滤波器的特性、性能和应用条件。在设计时可以更好地选择滤波器的类型。

1)按幅频特性分类

理想的幅频特性曲线如图 6-1 所示。

(1)低通滤波器,见图 6-1(a)。

(2)高通滤波器,见图 6-1(b)。

(3)带通滤波器,见图 6-1(c)。

(4)带阻滤波器,见图 6-1(d)。

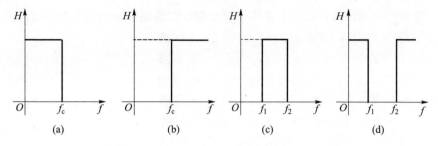

图 6 – 1 滤波器理想幅频特性

2）按网络形式分类

不同网络形式的滤波器见图 6 – 2。

（1）π 型,见图 6 – 2(a)。

（2）T 型,见图 6 – 2(b)。

（3）倒 L 型,见图 6 – 2(c)。

（4）复合型,见图 6 – 2(d)。

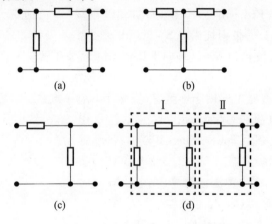

图 6 – 2 不同网络形式的滤波器

图 6 – 2(d)所示为 Ⅰ、Ⅱ 网络(即(a)、(c)形式)的复合组成。为分析方便,本章的滤波器都可以看作上述网络形式的分解与组合。

3）按传输特性分类

（1）巴特沃思(Butter Worth)滤波器。

（2）切比雪夫(Chebyshev)滤波器。

（3）贝塞尔(Bessel)滤波器。

（4）椭圆函数(Elliptic Function)滤波器。

（5）高斯(Gaussion)滤波器。

（6）升余弦(Raised Cos)滤波器。

理想的幅频特性在物理上是不可能实现的。上述传递函数都是低通滤波器设计时对理想特性的逼近。

4）按用途分类

在实际使用中往往按用途来选择滤波器，不同用途的滤波器其性能要求与使用要求不同。

（1）电源线滤波器（Power Line Filters，PLF）：

① 军用电源线滤波器，插入损耗为 100dB，阻带为 14kHz ~ 18GHz。

② 高性能军用电源线滤波器，插入损耗为 100dB，阻带为 14kHz ~ 40GHz。

③ 工业用电源线滤波器，插入损耗为 100dB，阻带为 150kHz ~ 18GHz。

（2）接线板滤波器（Panel Filters，PF）：

① 信号、传感器和语音通信线路滤波器（Signal，Sensor and Voice Communication Circuit Filters，SSVCCF），通带为 0 ~ 5kHz，通带损耗最大为 1.0dB。

② 数据通信滤波器（Data Communication Filters，DCF）。

数据为 1K 波特、20K 波特、1M 波特、10M 波特，MIL – HDBK – 232、RS232C、RS422C（EIA 标准），10 Base – T（IEEE 802.3），通带为 0 ~ 10kHz、0 ~ 40kHz、0 ~ 140kHz，通带损耗为 0.5 ~ 3.0dB。

③ 控制线滤波器（Control Line Filters，CLF），通带为 0 ~ 1kHz，通带损耗最大为 1.0dB。

上述两种滤波器主要用于屏蔽室、屏蔽车。（1）类滤波器可用于机床、计算机、大型不间断电源和医疗设备。

（3）电源滤波器（Power Filters，PF）：

① 开关电源滤波器。

② DC/DC 二次电源滤波器。

（4）印制电路板（PCB）滤波器。

（5）专用滤波器（Special Filters，SF）。

① 防电磁脉冲滤波器。

② 防信息泄漏滤波器。

③ 输出滤波器，主要用于频率变换脉冲调宽调速电机。

（6）其他。

6.1.3 EMI 滤波器的特点

在电磁兼容工程中应用的滤波器主要功能是滤除电磁干扰信号，它不是作为信号处理的器件，因此在设计和使用中所考虑的问题与信号处理滤波器不同，有其自身的一些特点。

（1）技术要求不一样。信号处理滤波器关心的指标是幅频特性、相频特性、阻抗匹配特性、群时延与波形畸变等。而 EMI 滤波器主要关心的指标是插入损耗、通带、阻带等特性。但对数据信号，EMI 滤波器仍然要考虑相频特性和群时延。

（2）使用特性要求不一样。EMI 滤波器要考虑耐压、电流容量、漏电、绝缘、散热等诸多事项。

（3）有些 EMI 滤波器在某些指标方面必须遵循相关标准。如国标 GB 7343—87 就是 10kHz ~ 30MHz 无源无线电干扰滤波器和抑制元件的抑制特性测量方法。在安全论证方面也有相应标准。

（4）EMI 滤波器要求频率覆盖范围宽。如 GJB 151A—97 测量传导干扰的频率范围为 25Hz ~ 10MHz。这给滤波器的设计带来许多困难。

（5）对阻抗匹配强调的频带不一样。信号处理滤波器强调在信号传输的频带内得到全匹配（即 $Z_i = Z_s$，$Z_{out} = Z_L$）。而 EMI 滤波器则强调在抑制的频带内（即有用信号的频带外）实现对干扰信号最大可能的失配，使 EMI 越小越好。

（6）一些 EMI 滤波器必须结合接地与屏蔽技术才能获得对电磁干扰的抑制能力。

（7）EMI 滤波器的功能具有双重性，既能抑制电磁干扰，又能提高电路的抗扰度。

6.2 电源 EMI 滤波器

电源 EMI 滤波器是低通滤波器，它通过的是直流、交流 50Hz、交流 400Hz 的电源功率，抑制的是此通带以外的 EMI 信号，它是当今电子系统中必不可少的重要部件（元件），需要专门加以介绍。

电源 EMI 滤波器在电磁兼容中之所以重要，是因为以下几点。

（1）所有军用、民用的电磁兼容标准中，都规定了电子设备电源线传导干扰电平的极限值。在不少场合，没有电源 EMI 滤波器，就不能把传导干扰电平抑制到电磁兼容标准允许的极限内，抑制设备本身产生的电磁干扰信号，防止它进入电源，污染电源的电磁环境，危害其他设备。

（2）正确地选用和安装电源滤波器，能降低设备产生的电场辐射干扰电平和提高抗扰能力。

（3）电源 EMI 滤波器能防止静电、雷电和核电磁脉冲的侵袭，保护通信设备、计算机及其他设备的安全。

（4）电源 EMI 滤波器在 TEMPEST（Transient Electromagnetic Pulse Emanation Surveillance Technology，防电磁信息泄漏）中，对信息安全起到保护作用。

本节将介绍电源 EMI 滤波器的网络结构、插入损耗和技术数据。

6.2.1　网络结构及元件参数

图6-3所示为典型的单相电源 EMI 滤波器网络结构。P、N、E 分别表示电源线的相线、中线和地线。该滤波器由两只电感 L、三只电容(两只 C_y 和一只 C_x)及金属屏蔽外壳(虚线所示)组成。其中:L、C_y 组成抑制电源线上的共模干扰信号;两个电感的差值 L_e 和 C_x 组成用来抑制电源线上的差模干扰信号。

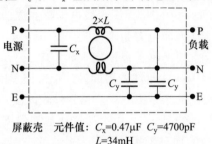

屏蔽壳　元件值: C_x=0.47μF　C_y=4700pF
L=34mH

图6-3　滤波网络结构

滤波器对 L 的要求如下:

(1)电感的分布电容要尽可能小,否则会影响滤波器的高频抑制能力。

(2)绕制电感的线要合适,不然会影响滤波器的额定电流、温度特性和负载特性。

(3)两个电感在制作上要绕在同一磁环上,圈数相同,绕向相反,以使两线圈内电源产生的磁通在磁环内相互抵消,不会使磁环达到饱和状态,影响电感值。但由于绕制工艺不能完全对称,两电感不等,存在差值 L_e,该值一般为电感 L 的1%左右。

滤波器对 C_x、C_y(又称 X 类电容、Y 类电容)的要求如下:

(1)下标 x、y 不仅表示该电容在网络中的作用,还表明它们在滤波器中的安全等级。

(2)C_x 除加有电源额定电压外,还应考虑 P 和 N 之间存在的各种干扰源峰值电压(要考虑1000V 以上的耐压)。

(3)C_y 会受到漏电源的限制。

6.2.2　插入损耗

滤波器接入电路前、后的情形见图6-4。插入损耗定义为滤波器插入前、后从噪声源传递到负载 Z_L 的功率比或电压比。即

$$IL = 10\lg\frac{P_1}{P_2} = 20\lg\frac{U_1}{U_2} \tag{6-1}$$

90

式中:IL 为插入损耗;P_1 为滤波器插入前负载 Z_L 的功率;P_2 为滤波器插入后负载 Z_L 的功率;U_1 为滤波器插入前负载 Z_L 的电压;U_2 为滤波器插入后负载 Z_L 的电压。

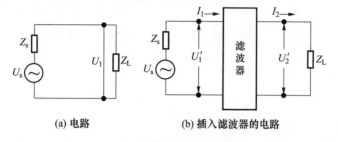

(a) 电路　　　　　　　(b) 插入滤波器的电路

图 6 - 4　滤波器插入损耗定义

由于 EMI 滤波器是一个双端口网络,因此插入损耗可以用四端网络的混合参数 $\boldsymbol{A}$ 来表示。由图 6 - 4(a)可知

$$U_1 = \frac{U_s}{Z_s + Z_L} \cdot Z_L \qquad (6-2)$$

由图 6 - 4(b)可得

$$\begin{cases} U_1' = A_{11}U_2 + A_{12}I_2 \\ I_1 = A_{21}U_2 + A_{22}I_2 \end{cases} \qquad \boldsymbol{A} = \begin{bmatrix} A_{11} A_{12} \\ A_{21} A_{22} \end{bmatrix}$$

由于 $U_1' = U_s - I_1 Z_s$,$U_2 = I_2 Z_L$,联立解得

$$U_2 = \frac{U_s}{A_{11} + \dfrac{A_{12}}{Z_L} + A_{21}Z_s + A_{22}Z_s / Z_L} \qquad (6-3)$$

将 U_2、U_1 代入式(6 - 1)得

$$\mathrm{IL} = 20\lg \left| \frac{A_{11}Z_L + A_{12} + A_{21}Z_s Z_L + A_{22}Z_s}{Z_s + Z_L} \right| \quad (\mathrm{dB}) \qquad (6-4)$$

由式(6 - 4)可以看出,EMI 滤波器的插入损耗与信号源内阻、电路的负载有关,而且也与滤波器的网络参数本身特性有关。

图 6 - 3 所示的电源滤波器可以等效为图 6 - 5 所示的共模低通滤波器等效电路和差模低通滤波器等效电路。

共模插入损耗为($Z_s \ll Z_L$)

$$\mathrm{IL}_{\mathrm{CM}} = 20\lg \left[\left(\frac{\omega L}{Z_L + LC_y \omega^2} \right) \right] \qquad (6-5)$$

若 $C_x = \dfrac{1}{2}C_y$,Z_s、Z_L 均大于 50Ω,则差模插入损耗为

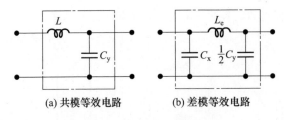

(a) 共模等效电路　　　　　　(b) 差模等效电路

图 6 - 5　图 6 - 3 的等效电路

通常

$$C_x \gg \frac{1}{2} C_y,\ Z_s \gg Z_L \qquad\qquad (6-6)$$

$$IL_{DM} = 20 \lg \left[\omega^2 LC + (LC^2 \omega^3 + 2\omega C) \frac{Z_s Z_L}{(Z_s + Z_L)} \right] \qquad (6-7)$$

6.2.3　电源滤波器的技术数据

在选择和应用电源滤波器时,对其技术数据的了解至关重要(本节所有数据均在常温 25℃ 条件下),这些数据如下:

(1) 网络结构与元件参数(Network Configuration and Component Parameter)。在产品目录和滤波器的标牌上都标有它的网络结构和元件参数,如电感量、电容量、电容器的安全等级和电阻值,这样使用时才能正确地选择滤波器。如果没有这些信息,该产品就属于不规范产品,建议不要采用。

(2) 插入损耗(Insertion Loss)。

(3) 额定电流(Current ratings)。通常为环境温度 40℃ 时由安全机构认可的最大允许电流,其他温度下的额定电流可以查曲线或由下面公式给出,即

$$I = I_N \sqrt{\frac{(85 - \theta)}{45}} \qquad\qquad (6-8)$$

式中:I_N 是温度为 40℃ 时的额定电流;θ 为工作温度。

要根据滤波器应用的最恶劣环境温度来选择该参数。

(4) 额定电压(Voltage Ratings)。在 50Hz/60Hz 频率下,最大额定电压为 250V/480V。有的遵守标准 IEC 384 - 14 规定,在此基础上提高 10%。

(5) 高电压测试(High Voltage Testing)。Schaffner 公司出品的滤波器高额定电压分成两种技术条件:一种是型号测试;另一种是生产测试,它是根据 IEC 推荐的。型号测试要求在所有滤波器端子之间加上直流 220V、60s,这时必须把放电电阻移开。产品目录中给出的值在 2s 内进行 100% 的生产测试。电压测试重复不超过规定值的 80%。实际上是试验电容 C_x、C_y 的耐压。

(6) 漏电流(Leakage Current)。在规定的电压和频率下,每一相都应给出对地的漏电流 I_L。其计算公式为

$$I_L = U \cdot 2\pi f \cdot C_y \qquad\qquad (6-9)$$

式中:U 为加在电容 C_y 上的电源电压(如 220V、380V 等);f 为电源频率(如 50Hz、400Hz)。最大的漏电流由标准、规则和设备类型所决定。

由式(6-9)可知,漏电流主要取决于 C_y,因此往往用式(6-10),根据漏电流要求,计算设计 C_y 的值:

$$C_y = \frac{I_L}{2\pi f U} \qquad\qquad (6-10)$$

(7)无功功率(Wattless Power)。为了提高功率因数,对无功功率有所限制,一般滤波器允许的最大功率为额定功率的 10%,这样对滤波器输入端第一个差模电容 C_x 的容量就应有所限制。对 1kV·A 的电源,如若 $C_x = 68\mu F$,则 50Hz 的容抗 $X_{C_x} = \dfrac{1}{2\pi f C} = 46.8\Omega$,对于 220V(AC),无功电流 $I = 220/46.8 = 4.7A$,无功功率 $W = 220 \times 4.7 = 1034V \cdot A > 1000V \cdot A$,显然不合适。

(8)安全认证(Safely Approvals)。电源 EMI 滤波器,虽然在价格上与电子设备或系统相比微不足道。但由于它接在设备的输入端,涉及设备的能源供给,因此它的安全性能显得很重要。若存在设计和工艺上的缺陷,不仅影响系统的 EMC 性能,还可能会危及操作人员的生命安全。因此,电源 EMI 滤波器是众多国际安全认证机构考核的重要项目。

(9)可燃性(易燃性)等级(Flammability Class)。Schaffner 公司的滤波器产品易燃性等级为 UL94V2 或 UL94V0(UL,Underwriters Laboratories,美国保险业研究所)。

(10)平均无故障间隔时间系数(Mean Time Between Failure,MTBF)。它是滤波器可靠性指标之一。可以按国军标 GJB 299 给出的模型和参数预测 MTBF。由于滤波器元件少,所以 MTBF 指标都比较高。根据 Schaffner 公司提供的资料,每种系列的滤波器都提供该指标。如 FN9223 系列在 40℃、230V 时,MTBF 为 2200000h。

(11)气候等级(Climatic Classification)。当滤波器用于军用设备和某些特殊环境时,气候等级是很重要的。在一些 EMI 滤波器的产品目录中,甚至在每个滤波器的标牌上都按德国工业标准,即 DIN(Deutsche Industric Normen)的规定,用 3 个字母编码来表示温度性能在内的气候等级,如 Schaffner 公司的滤波器。

按照 DIN40040(环境温度为 -25~80℃)分类,其编码为 HPF。

第一个字母:下限温度   H ≈ -25℃

第二个字母:上限温度   P ≈ 85℃

第三个字母:允许的相对湿度   F ≈ 75% 年平均

95% 最高值 30 天

85% 最高值其余的天数

按照 DIN IEC68 第一部分,气候等级用 3 个数表示,即 25/100/21。

第一个数:下限温度 −25℃。

第二个数:上限温度 +100℃。

第三个数:湿度 90% ~95% ,21 天。

(12) 元件(Components)。在详细的产品页面上都给出了元件的标准,电感与电容值可以和标称值不同,这些元件的容差与测试条件见表 6 – 1。

表 6 – 1　元件的容差和测试条件

参数	负误差	正误差	测试频率
电感	30%	50%	1kHz
电容	20%	20%	1kHz
电阻	10%	10%	直流

(13) 力学性能参数(Mechanical Properties Parameters)。如尺寸、重量、安装孔位置等。

上述有关电源 EMI 滤波器的参数信息是用户十分关心的,也是生产厂家和设计人员追求的。目前国内有些厂家还不能满足这方面的要求。

6.2.4　军用标准对电源滤波器 C_y 类电容的要求

国军标《军用设备和分系统电磁发射和敏感度要求》(GJB 151A—97)第 4.2 节规定如下:

滤波(仅适用于海军):从控制 EMI 的角度来看,线与地之间的滤波器应尽量少用。因为这类滤波器通过接地平面为结构(共模)电流提供低阻抗通路,使这种电流可能耦合到同一接地平面的其他设备中去,因而它可能是系统、平台或装置中电磁干扰的一个主要原因。如果必须使用这类滤波器,每根导线的线与地之间的电容量:对于 50Hz 的设备应小于 0.1μF;对于 400Hz 的设备应小于 0.02μF。对于潜艇上及飞机上直流电源设备,在用户接口处,每根导线对地滤波的滤波器电容量不应超过所连接负载的 0.075μF/kW。对于负载小于 0.5kW 的,滤波器电容量不应超过 0.03μF。

以上是军用电源滤波器对 C_y 类电容容器的限制值,实际上这也是对电容器漏电流的限制值。

根据上述参数,应用式(6 –9)计算对地的漏电流分别如下:

对 220V/50Hz, $C_y = 0.1μF$, $I_L = 6.9mA ≈ 7mA$。

对 115V/400Hz, $C_y = 0.02μF$, $I_L = 5.8mA ≈ 6mA$。

若在设计滤波器时,计算出的 C_y 超过上述值,则应进行修正,其步骤如下:

假设设计获得的电容值为 C_s,允许值为 C_y(该值也可以选取比规定值小),则引入修正因子 α,即

$$\alpha = \frac{C_s}{C_y} \qquad (6-11)$$

这样电容器就取 C_y,而共模电感 L 就应变成

$$L_{CM} = \alpha L_s \qquad (6-12)$$

式中:L_s 为设计计算出来的电感值;L_{CM} 为最后采纳的共模电感值。

修正后不改变滤波器的截止频率,其特性阻抗有所增大。

6.2.5 开关电源 EMI 滤波器

开关电源的优点是举世公认的,但缺点也是众所周知的。主要表现在其产生的干扰对电网的影响,对电网形成 P、N 对 E(地)的共模干扰和 P、N 两端构成的差模干扰。有人估算额定功率 1kW 的开关电源(其输入电压为 220V/50Hz 交流,峰值电流 17.6A)在 50kHz 基波分量的共模噪声和差模噪声的量值,分别比 50kHz 基频点的传导干扰民标的限制值 66dBμV 高 62dB 和 76dB,为了限制和减少此类干扰,技术人员进行了努力,但仍然没有取得理想的效果,采用 EMI 滤波器成为减少开关电源干扰的必备条件。

图 6-6 所示为计算机开关电源用的二级网络高性能滤波器(Schaffner 公司 FN670-3/06 型)。图 6-6(a)所示为外形,图 6-6(b)所示为网络结构。虚线左边由 L、C_y 组成低通共模滤波器,由 L 的差值与 C_x 组成低通差模滤波器;虚线右边由 L、C_{x1} 组成低频差模滤波器,R 为放电电阻。图 6-6(c)所示为不同测试条件下的插入损耗,由图 6-6 可以看出,在不同条件下插入损耗是不相同的。图 6-6(d)所示为安全认证机构标志,从左到右分别为:德国 VDE(Vreband Deutscher Electrochuiker,德国电气工程师协会)、美国 UL(Underwriters Laboratories,美国保险业研究所)、CSA(Canadian Standard Association,加拿大标准协会)。

该滤波器的其他技术数据如下:

(1) 工作频率:0~400Hz。

(2) 最大漏电流:190μA。

(3) 额定电流:3A(25℃),2.5A(40℃)。

(4) MTBF:300000h,40℃,230V。

(5) 最大工作电压:250V(AC),50Hz/60Hz。

(6) 质量:240g。

(7) 高电压测试:PE→E,2000V,AC;P→N,1700V,AC。

(8) 尺寸:85mm(L)×54mm(W)×40mm(H)。

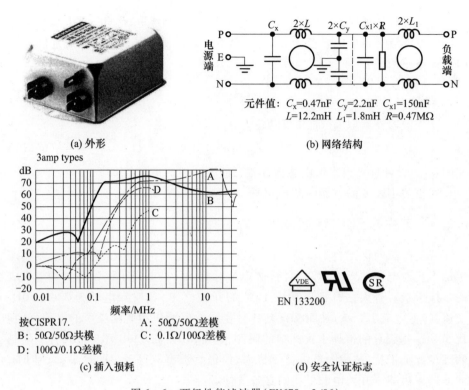

(a) 外形   (b) 网络结构

元件值: C_x=0.47nF C_y=2.2nF C_{x1}=150nF
L=12.2mH L_1=1.8mH R=0.47MΩ

按CISPR17.   A: 50Ω/50Ω差模
B: 50Ω/50Ω共模   C: 0.1Ω/100Ω差模
D: 100Ω/0.1Ω差模

(c) 插入损耗   (d) 安全认证标志

EN 133200

图 6 – 6 　 两级性能滤波器(FN670 – 3/06)

6.2.6 　 微波低通滤波器

随着电子技术应用频率不断提高,电源滤波器阻带的频率已扩展到 40GHz,现在国内也研制了这类产品,如航天科工集团二院 203 所的高性能电源滤波器,其指标如下:

(1) 额定电压:220V/380V、50Hz/60Hz。

(2) 额定电流:10A/20A/30A。

(3) 插入损耗:如图 6 – 7 所示,14kHz 时大于 60dB,14kHz ~ 40GHz 之间大部分大于 100dB。

(4) 耐压:1500V。

(5) 漏电流:小于 0.6A。

(6) 电压降:大于 3% 。

由集总参数构成的低通滤波器,随着工作频率的提高,其电感、电容、电阻等元件的分布参数将起作用,会导致插入损耗参数的恶化,所以一般电源滤波器只能到1GHz,做得好的可以达到18GHz,频率再高就有困难了,必须采用微波低通滤波器。

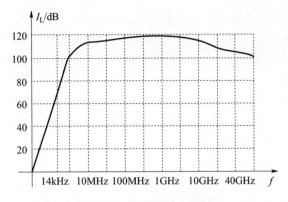

图 6 - 7 滤波器插入损耗

1) 微波滤波器的网络合成原理

基本思路:采用线性四端网络中的集总参数四端网络和分布参数四端网络级链(也称链联)组成一个复合四端网络,前者解决低端插入损耗,后者解决微波段插入损耗,并设法解决好两个四端网络级链处的阻抗匹配问题。

设集总参数无源四端网络为 a,分布参数四端网络为 b,将网络 a 的输出端和网络 b 的输入端相连接,如图 6 - 8 所示。

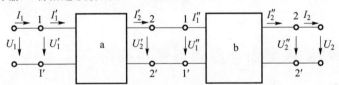

图 6 - 8 网络的链联

假设网络 a 的 $\boldsymbol{A}$ 参数为 A_{11a}、A_{12a}、A_{21a}、A_{22a},网络 b 的 $\boldsymbol{A}$ 参数为 A_{11b}、A_{12b}、A_{21b}、A_{22b},根据网络理论,其链联的网络矩阵为

$$\boldsymbol{A} = \boldsymbol{A}_a \times \boldsymbol{A}_b \qquad (6-13)$$

或

$$\begin{bmatrix} A_{11} & A_{12} \\ A_{21} & A_{22} \end{bmatrix} = \begin{bmatrix} A_{11a} & A_{12a} \\ A_{21a} & A_{22a} \end{bmatrix} \times \begin{bmatrix} A_{11b} & A_{12b} \\ A_{21b} & A_{22b} \end{bmatrix} \qquad (6-14)$$

显然,这样组合的滤波器的插入损耗,仍然可以用式(6-4)进行计算。

2) 微波滤波器的分析与构成

在微波工程中有两种基本分析方法:一种是场论分析法,以麦克斯韦方程组和边界条件为基础,重点揭示内部的场型结构,场是微波网络的内部原因;另一种是网络分析法,它以研究对象的外部特性作为目标,网络则是场的外部表现。后者可以用试验测量出来,所以更适合于工程上使用。

微波滤波器显然不能由集总参数的电感、电容元件来组成,而必须是以各类传输线为主体的分布参数结构。根据传输线类型,微波滤波器可以由波导、同轴线、带状线和微带等组成。

3)阻抗匹配

由图6-8可知,a为集总参数网络,属于低频电路,其中传输的是电压与电流,b为微波网络(或称传输线网络),其中传输的是导行电磁波,集总参数网络和微波网络若不匹配就会引起严重的反射,这是不希望的。

在级联宽带EMI滤波器中,人们所关心的是级间匹配,如图6-9所示。

在设计时只要将集总参数滤波器的输出阻抗 Z_1 等于分布参数滤波器的特性阻抗 Z_0 即可。

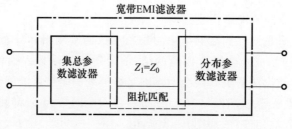

图6-9 阻抗匹配示意图

6.3 EMI 滤波器设计原则与使用指南

有关 EMI 滤波器的设计资料不少,这里介绍的 EMI 滤波器设计原则结合了对滤波器的一些特殊考虑。通过本节的学习,可以加深对滤波器的认识,并为正确选用滤波器提供依据。

6.3.1 EMI 滤波器设计原则

6.3.1.1 首先明确滤波器的用途

依据 EMI 滤波器按用途的分类,可确定滤波器按幅频特性选择低通、高通还是其他类型。

6.3.1.2 滤波器的技术指标提高的方法

滤波器的技术指标应根据其用途和类别提出,现举例说明,如用于电磁兼容测试屏蔽室或屏蔽车的 EMI 电源滤波器,可提出以下技术指标。

(1)电源类型(或品种),单相还是三相,频率(是 50Hz 还是 400Hz 或直流)。

(2)插入损耗,有以下几种提法。

① 带外频率范围为 14kHz ~ 18GHz,插损为 100dB。带内波纹视情况而定,

为 0.5 ~ 1.0dB。

② 也可分段提出。例如:10kHz、70dB;1GHz、100dB;5MHz、95dB;10GHz、90dB。

这里应着重指出,对电磁兼容屏蔽室用的电源滤波器,有不少人在选择插入损耗指标时常常和屏蔽效能相同。如屏蔽效能在某频率范围为 120dB,则插入损耗指标也是 120dB,这是一种误解。因为屏蔽效能是解决辐射电磁场能量,而滤波器插入损耗是解决传导发射电磁场能量。对于滤波器而言,频率也没有必要提到 40GHz,因为 40GHz 的传导插入损耗难以测量。插入损耗的指标在高频段可以低于屏蔽效能约 10dB。

(3) 额定电压(或最大电压范围)。例如:0 ~ 60Hz 时,227V 线与地或 480V 线与线;0 ~ 400Hz 时,125V 线与地或 208V 线与线。

(4) 额定电流。该指标的提出应注意以下几点。

① 总电流为所有仪器设备以及被测设备的耗电需求。

② 若为多相供电,应注意三相之间的电力分配尽可能平衡,否则对滤波器共模电感的磁环工作不利。

③ 注意额定电流与环境温度的关系,应用式(6 - 8)计算,即额定电流一定首先满足高温才行。

④ 要留有 10% ~ 20% 的余量。

⑤ 当用额定电流超过 30A 的 400Hz 交流电源时,建议采用功率因数校准线圈。

(5) 漏电流。由于漏电流的大小涉及人身安全。各国都有安全严格标准,通常在 0.25 ~ 5mA 之间。

(6) 高电压测试(代替对绝缘电阻的要求)。高压测试实际上是对 C_x、C_y 电容器耐压的试验要求,也属于安全性的一个指标,表 6 - 2 中列举了两个国家的例子。

表 6 - 2 高电压测试要求

国家	额定试验电压(1min)
瑞士	2250V(DC)或 1500V(AC)(P - E 或外壳) 2000V(AC)(P - E 或外壳) $3.3U_r$(额定电压)V(DC)(P - P)
美国	1000V(AC)或 1414V(DC)(P - E 或外壳) 1000V(AC)或 1414V(DC)(P - P) 1500V(AC)或 2121V(DC)(P - E 或外壳和医疗设备 P - P)

(7) 负载特性。它是衡量滤波器负载能力的一个指标,即滤波器接入电网

前后在额定电压和额定电流状态下工作负载端电压变化的情况。理想情况下，滤波器接入电网，其电压应该不变，但实际上由于电感存在电阻，因此必然有压降，那么允许降多少？负载特性与哪些因素有关？

负载特性与下列因素有关。

① 额定电流。电流越大，电感上的压降越大。

② 漏电流。如果要求漏电流小，则 C_y 小，这意味着在插入损耗要求不变的情况下，只能增加电感量，由于电感量的增加，电阻也随之增加，滤波器的负载特性变差，因此漏电流和负载特性是矛盾的，应折中处理。

通常要求在满载时电压下降应小于5%。检查时采用负载电压与满载电压相比较的方法。

滤波器设计还应考虑：

（1）安全认证要求。

（2）环境温度。

（3）力学性能参数以及结构，包括尺寸、重量、安装方式、接地及屏蔽等问题。

6.3.1.3　滤波器类型的选择

在讨论低通滤波器类型选择时，主要是指采用何种函数类型达到所要求的幅频特性，如型号为 LTC – 12640 – RS232 的数据通信滤波器，应用于数据通信 20K 波特 EIA 标准 RS232 接口，其主要性能如下：

（1）通带阻抗：线 – 线 600Ω，线 – 线 300Ω。

（2）12 根线路。

（3）通带损耗与频率：最大 1.0dB，频率 0 ~ 140kHz。

（4）最大电流 6mA。

（5）阻带插入损耗：最小 100dB，频率 300kHz ~ 18GHz。

（6）最大电压：30V（AC）。

阻带起始频率与通带之比为 300kHz/140kHz = 2.14，滤波器的过渡带相对较窄，通带内允许损耗为 1dB。显然，巴特沃思滤波器类型不适合，而应选择切比雪夫或椭圆函数类型的滤波器。

6.3.1.4　元器件选择与机械结构设计

EMI 滤波器的实现不是简单地按照插入损耗的要求计算出网络中的参数，即电感、电容、电阻，再按网络的结构焊接就可以了。EMI 滤波器的许多性能指标如额定电压、额定电流、漏电流、安全论证、MTBF 和环境适应性等都与元器件的性能、机械结构设计不可分割。即使是插入损耗这一指标也与其紧密相关。国产滤波器在许多性能上的缺陷，归根到底在于元器件的质量和结构设计。

6.3.1.5 专用滤波器设计考虑

专用滤波器是指防雷电、电磁脉冲(EMP)和TEMPEST领域所用的EMI滤波器和信号互连线上的EMI滤波器。这类滤波器设计除了前面所述的设计原则以外,还应考虑下面几方面的问题。

(1) 防止电容器被击穿。

(2) 要注意磁环进入非线性区。

(3) 要装有各种过压保护装置。

(4) 要对付浪涌电压。

对TEMPEST防泄漏用的EMI滤波器应注意以下几点。

(1) 由于要传送信号,必须要注意输入输出阻抗的匹配。

(2) 要注意传输中的失真与整形。

(3) 要特别注意滤波器的屏蔽。

图6-10所示为FN700Z型电源滤波器的网络结构。其主要用于TEM-PEST、NEMP(Nuclear Electromagnetic Pulse,核电磁脉冲)和对付高浪涌电压的。滤波器输入端接有抑制电压浪涌的压敏电阻和硬限幅器(如击穿型器件)。

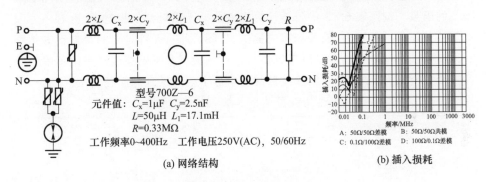

(a) 网络结构   (b) 插入损耗

图6-10   FN700Z型电源

6.3.2   滤波器使用指南

EMI滤波器可以抑制传导干扰和辐射干扰,但有时使用发现效果不十分明显,追究其原因是没有掌握EMI滤波器的正确使用方法。下面从几个方面提出建议,供读者参考。

6.3.2.1   滤波器使用的通用指南

(1) 首先应该阅读产品说明书,明了滤波器性能参数的物理意义。

(2) 要知道滤波器输入输出的阻抗搭配关系。

(3) 要会分析所选滤波器网络结构(没有滤波器网络结构图和元件值及其他有关性能参数表示的产品为非正规品,不能购买)中的等效共模低通滤波器和等效差模低通滤波器的等效电路,了解每个元件的作用。

（4）要检查滤波器安装方法和位置。

（5）要注意滤波器的屏蔽、接地和输入输出连线。

6.3.2.2 滤波器阻抗端接的搭配原则

在选用滤波器时,大多数人往往只注意该产品在某一个频率的插入损耗。但接入电路后,实际效果并不理想,甚至会出现干扰反而增加的趋势。原因之一是人们在使用滤波器时并没有注意滤波器阻抗端接的搭配原则,即滤波器的输入输出阻抗与源内阻、负载电阻之间的搭配关系,造成对插入损耗参数的影响。

假设电路的阻抗高低以 50Ω 为参考值,大于 50Ω 为高阻抗,小于 50Ω 为低阻抗(实际上电路的阻抗是随频率和电路的工作状态变化的)。对电源滤波器而言,在通带内的频率为低频(直流、50Hz、400Hz),在阻带的频率为高频,滤波器阻抗端接的搭配原则为:滤波器中的电容应该与高阻抗的电路对接,电感应该与低阻抗对接。表 6 – 3 所列为低通滤波器的电路结构以及插入损耗与阻抗端接的搭配关系。

前面已指出,电路的阻抗是频率的函数。同样滤波器的输入输出阻抗也是频率的函数。按照表 6 – 3 中公式计算出来的插入损耗都是将电感、电容作为理想器件处理的。实际上,随着频率的提高,当频率超过元件自身的自然谐振频率时,电感可以呈容性,电容可以呈感性。这样就会严重影响滤波器在阻带中的插入损耗,这也是许多人在应用滤波器解决电磁干扰时遇到的问题之一。

表 6 – 3　低通滤波器电路及插入损耗、阻抗搭配关系

滤波器类型	电路图与条件	插入损耗 IL/dB	阻抗搭配关系
单并联电容		$20\lg[\,\omega C Z_s Z_L/(Z_s + Z_L)\,]$	$Z_s、Z_L \gg 50\Omega$
单串联电感		$20\lg[\,\omega L/(Z_s + Z_L)\,]$	$Z_s、Z_L \ll 50\Omega$
倒 L 型		$20\lg[\,(\omega L/Z_s) + LC\omega^2\,]$	$Z_s \gg Z_L$

滤波器类型	电路图与条件	插入损耗 IL/dB	阻抗搭配关系
反倒 L 型		$20\lg[(\omega L/Z_{L}) + LC\omega^{2}]$	$Z_{s} \ll Z_{L}$
T 型		$20\lg[\omega^{2}LC + (L^{2}C\omega^{3} + 2\omega L)/(Z_{s} + Z_{L})]$	$Z_{s}、Z_{L} < 50\Omega$
π 型		$20\lg[\omega^{2}LC + (LC^{2}\omega^{3} + 2\omega C)Z_{s}Z_{L}/(Z_{s} + Z_{L})]$	$Z_{s}、Z_{L} > 50\Omega$

6.3.2.3 二次电源 EMI 滤波器使用指南

这里着重讨论二次电源前所装的 EMI 滤波器。因在武器装备中,不论车载还是机载设备,大多都要安装这类滤波器,而且必须通过电磁兼容军标要求的测试。如何选用和安装此类滤波器? 若测试项目不通过怎么办? 下面回答此类问题。

（1）应分析滤波器后面所接设备的干扰频谱。因为只有知道滤波器应抑制的电磁干扰频率,才能较好地选择滤波器对插入损耗的需求,这是选择滤波器型号的主要依据之一。

① 若滤波器后面接的是开关电源,则其开关频率与谐波就是主要干扰成分。另外,开关电源后面的用电设备的频谱成分也应考虑在内,如数字电路的时钟频率、频率合成器的晶体频率等。

② 滤波器抑制的干扰频率与采用测试的标准有关:对军标而言,应为 25Hz ~ 10MHz(若仅为测试项目 CE102,则应为 10kHz ~ 10MHz);对民标信息设备而言,应为 0.15 ~ 30MHz,这也可用作选择滤波器型号的依据。

③ 了解干扰频谱后可以大致判断传导干扰的性质,对民标而言,有以下规定。

- 0.15 ~ 0.5MHz,以差模干扰为主。
- 0.15 ~ 5MHz,为差、共模干扰共存。
- 5 ~ 30MHz,以共模干扰为主。

（2）应了解滤波器输入信号的源阻抗和滤波器输出负载阻抗的状况。

前面讲过上述两类阻抗,包括滤波器的阻抗,都是频率的函数,要确切地知道其在频带范围的大小是相当困难的,但为了在阻带(10kHz ~ 10MHz 或 0.15 ~

30MHz)内有较好的失配,又不能不知道阻抗大小的状况,因为这也是选择滤波器型号的依据之一。

(3)具体分析滤波器的差模与共模滤波器网络,正确地与电源输出阻抗和设备输入阻抗在 EMI 抑制频带内连接。

下面举两个例子。

例 6-1　滤波器如图 6-11 所示,图 6-11(a)为网络结构,图 6-11(b)为共模等效电路、图 6-11(c)为差模等效电路。显然,这种滤波器共模和差模滤波网络都是反倒单 L 型,按照滤波器阻抗端接的搭配原则,P-N 端应接低阻抗,P'-N' 应接高阻抗。

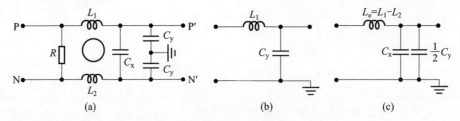

图 6-11　电源 EMI 滤波器(一)

例 6-2　滤波器如图 6-12 所示,图 6-12(a)为网络结构,图 6-12(b)为共模等效电路反倒单 L 型网络,图 6-12(c)为差模等效电路 π 型网络。由等效电路可知:共模电路阻抗端接的搭配为 P-N 端接低阻抗,P'-N' 接高阻抗;而对差模电路因为是 π 型电路,两端都应接高阻抗。

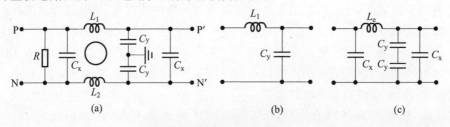

图 6-12　电源 EMI 滤波器(二)

(4)电源滤波器的安装。许多事例证实,性能很好的滤波器,往往由于安装不当会降低对 EMI 信号的抑制能力。那么应该如何安装 EMI 电源滤波器?

图 6-13 所示的电源 EMI 滤波器安装方法是不正确的,存在的问题在于以下几个方面。

① 滤波器的输入端和输出端之间存在明显的电磁耦合路径,某一端的干扰信号会不通过滤波器直接耦合到另一端。

② 滤波器安装在设备屏蔽内部,设备内部及元件上的 EMI,可通过辐射到达滤波器的端子;相反,滤波器的辐射干扰也会影响设备内部。

104

③ 图 6 – 13(b)是最不恰当的,将滤波器的输入输出端电线捆扎在一起,这无疑加剧了输入输出的电磁耦合,严重降低滤波器对电磁干扰信号的抑制能力。

④ 图 6 – 13(a)也不好,因为滤波器的外壳和系统地之间应有良好的电气连接,同时避免使用过长的接地线,而它会引起接地电感和电阻,严重降低滤波器的共模抑制能力。

⑤ 应避免由于滤波器输入输出间存在有公共耦合阻抗,使输入输出信号互相耦合,引起滤波性能下降(图 6 – 13(c))。

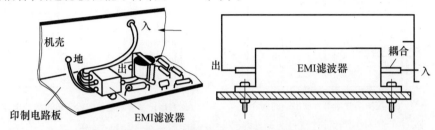

(a) 滤波器外壳固定在印制电路板上   (b) 滤波器输入输出端电线捆扎在一起

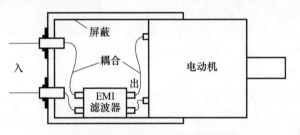

(c) 滤波器输入输出端存在明显的电磁耦合

图 6 – 13   不正确的滤波器安装

推荐的电源 EMI 滤波器的安装方法如图 6 – 14 所示。

这些安装方法的特点是借助设备的屏蔽,把 EMI 滤波器电源端和负载端之间的电磁耦合控制到最低限度,既能发挥滤波器对电磁干扰信号的抑制能力,又不破坏设备屏蔽对电磁干扰信号的控制。

(5) 若滤波器输入线较长,建议采用双绞线或屏蔽线,这样既可防止外面辐射干扰的侵入,又可防止设备干扰的向外辐射。当要求滤波器的衰减必须大于 60dB 时,其输入线和输出线应考虑双重屏蔽。

(6) 滤波器的加固。如果按照上述 5 条安装了电源 EMI 滤波器,在测试时仍然达不到标准的要求,可以采取下述措施对滤波器进行加固,以改善抑制干扰的能力。

① 若在低端小于 0.5MHz 频率范围内不达标,可以强化差模滤波。

如有条件可增加 C_x 的容量或在共模滤波器后增加两只差模扼流圈,或在差

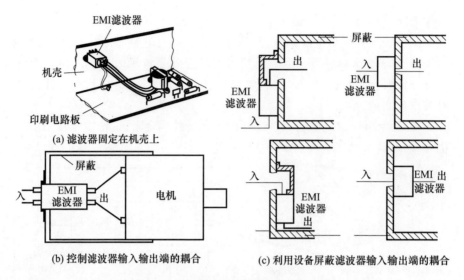

(a) 滤波器固定在机壳上

(b) 控制滤波器输入输出端的耦合

(c) 利用设备屏蔽滤波器输入输出端的耦合

图 6-14　推荐的 EMI 滤波器安装方法

模电感后再增加一只差模电容器 C_x。

②　若在 0.5～5MHz 频率范围不达标,可以强化共模、差模滤波。

如有条件在共模 L 右边增加一只共模电感 L 和增加一只差模电容 C_x。

③　若在 5～30MHz 频率范围不达标,可以强化共模滤波和检查安装。

如有条件可适当增加 C_y 容量或在共模滤波器 C_y 后边增加一只共模扼流圈,对共模抑制构成 T 型网络滤波或增加共模节数(由 $n=1$ 级增至 $n=2$ 级)。

另外,要检查安装是否有漏洞,如安全地(电源线进线的地端)、机壳地和电路参考地是否接在一个点上以及相互的距离远近。

6.3.2.4　EMI 片状滤波器

EMI 片状滤波器为三引出线元件,其结构、等效电路如图 6-15 所示。由图 6-15(b)可以看出,其左、右两端引出线套有 EMI 吸收磁珠,串接在需要抑制干扰的线路中,中间引出线为其等效对地电容接地端,接于印制电路板上接地面。

不同型号的 EMI 片状滤波器如表 6-4 所列,插入损耗如图 6-16 所示。

表 6-4　片状滤波器参数

插损编号	1	3	4	6	7	8	9	10	11	12
型号	220M	470M	101M	221M	271M	471M	102M	222Z	103N	223Z
接地电容	22pF	47pF	100pF	220pF	270pF	470pF	1000pF	2200pF	0.01μF	0.022μF
额定电压/V(DC)	100									16
额定电流/A	6									

106

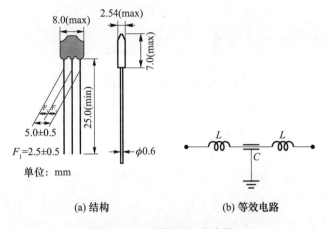

(a) 结构   (b) 等效电路

图 6-15 片状 EMI 滤波器

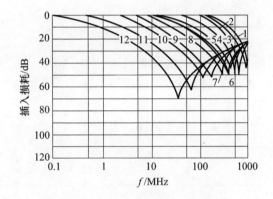

图 6-16 片状 EMI 滤波器的插入损耗

由图 6-16 可以看出,当左、右两端所套的 EMI 吸收磁珠确定后,接地电容决定了抑制干扰的起始频率。

EMI 片状滤波器专用于印制电路板上,对信号和电流走线的 EMI 干扰进行抑制。使用时,应使中间接地,引线长度尽可能短。

6.3.2.5 EMI 吸收磁环/磁珠

用吸收磁环/磁珠组成的 EMI 抑制器与前面介绍的滤波器吸收机理不一样,它是利用高频信号使磁环/磁珠表现出电阻性,将高频段 EMI 干扰能量以热能形式耗散吸收。通常用两个关键频率点 25MHz、100MHz 处的电阻值来标定其吸收能力,EMI 吸收磁环/磁珠的有效电阻值相对源和负载阻抗越大,其吸收干扰的作用越大。

磁环/磁珠吸收特性和等效电路如图 6-17 所示。

这种 EMI 吸收磁环/磁珠主要用于抑制信号线、电源线上的噪声和尖峰干

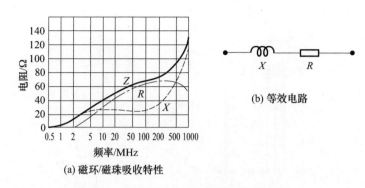

(b) 等效电路

(a) 磁环/磁珠吸收特性

图 6-17　磁环/磁珠吸收特性和等效电路

扰,同时具有吸收静电脉冲能力。其安装位置,原则上应靠近有干扰发射单元一端,但具体最佳位置及其穿线多少、磁环/磁珠的数量应以试验确定。

下面介绍几种形式。

1) EMI 吸收磁环

EMI 吸收磁环外形见图 6-18。可用于单股、多股线缆上的干扰抑制,如插座的输入输出端电缆。使用时可将一根多芯电缆或一束多股线缆穿于其中,多穿几次即可加强其效果,也可以在线缆上穿多个吸收磁环。表6-5 所列为有关型号的性能。

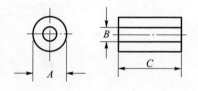

图 6-18　吸收磁环外形

表 6-5　吸收磁环

参数 型号	A/mm	B/mm	C/mm	电阻/Ω	
				25MHz	100MHz
M245	9.50	4.75	10.40	44	61
M246	14.20	6.35	28.50	150	200
M248	17.50	9.50	28.50	100	150
M259	20.00	10.00	10.00	40	70
M250	28.50	14.00	28.50	450	600
Z62	3.50	1.20	3.00	20	30

2) EMI 吸收磁珠

EMI 吸收磁珠专用于单根导线上干扰抑制。它有两种常用形式,即单孔磁珠(图 6-19)、多孔磁珠(图 6-20)。表 6-6 和表 6-7 分别为单孔磁珠和多孔磁珠有关型号的介绍。从干扰抑制效果上看,单孔长磁珠 B62 优于单孔短磁珠 A62,多孔磁珠 S62 效果最好,尤其在低频端。

108

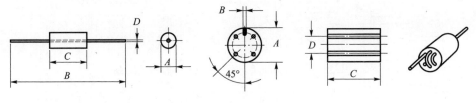

图 6 - 19　单孔磁珠　　　　　　　　图 6 - 20　多孔磁珠

表 6 - 6　单孔磁珠

参数 型号	A/mm	B/mm	C/mm	D/mm	电阻/Ω	
					25MHz	100MHz
A62	3.5		6	0.8	50	90
B62	3.5		9	0.8	70	120
R62	3.5		7.5	0.8	100	130

表 6 - 7　多孔磁珠

参数 型号	A/mm	B/mm	C/mm	D/mm	电阻/Ω		
					10MHz	50MHz	100MHz
S62	6	0.85	10	3.5	320	680	580

6.3.2.6　馈通型 EMI 滤波器

馈通型 EMI 滤波器用于机箱或箱内单元隔板的出入线干扰滤波和射频隔离。使用时采用螺纹固定,安全方便。

有两种型号可供选择。

(1) NFT403 馈通型滤波器,其工作参数见表 6 - 8,其外形结构、等效电路和性能特性见图 6 - 21。从等效电路来看是一个 π 型低通滤波器。

表 6 - 8　NFT403 工作参数

型号	额定电压	额定电流	工作温度
NFT403	50V(DC)	7A	- 55 ~ 125℃

(2) DFT304 馈通型滤波器,其工作参数见表 6 - 9,其外形结构、等效电路和性能特性见图 6 - 22。实际上它就是一个穿心电容。

表 6 - 9　DFT304 工作参数

型号	额定电压	额定电流	工作温度
DFT304	50V(DC)	7A	- 55 ~ 125℃

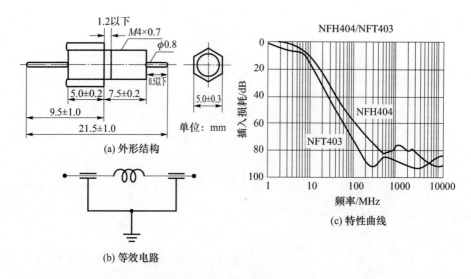

图 6 – 21　NFT403 馈通型滤波器

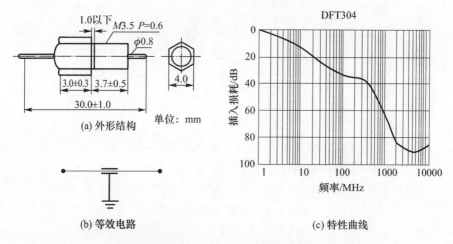

图 6 – 22　DFT304 馈通型滤波器

6.3.2.7　数据线滤波器

数据线滤波器装在数字信号线上,主要作用如下:

① 抑制干扰信号进入数字信号线,以免影响电路的正常运行。

② 阻止数字信号产生的电磁干扰信号干扰别的电路。

图 6 – 23 所示为数据线滤波器的一个例子。图 6 – 23(a)为在磁环上绕制 4 个线圈的扼流图。其中 L_1、L_2 和 L_3、L_4 分别组成两对共模线圈。在 6 – 23(a)线圈上配置适当的电容器,如 $C_1 \sim C_6$,组成图 6 – 23(b)所示电路,再进行适当的组合,可以组成图 6 – 23(c)、图 6 – 23(d)两种数据线滤波器。其中图 6 – 23(c)

110

组合电路的共模和差模插入损耗见图 6 - 23(e)。

应用电路图 6 - 23(c)的部分技术数据如下:

(1) 电容量: $C_1 \sim C_4$ 为 6800pF, C_5 和 C_6 为 1500pF。

(2) 额定电压:50V(DC)。

(3) 额定电流:0.1A。

(4) 端子 1/2 和 15/16 的实验电压 300V(AC)/750V(DC)。

(5) 直流电阻:每个 2.5Ω。

(6) 气候等级:HPF(-25 ~ +85℃,湿度等级 F)。

数据线滤波器应用时,要保持流过 4 个线圈的电流在磁环内产生的磁通相互抵消。例如,可将一对线圈用于发送信号,另一对线圈用于接收信号。

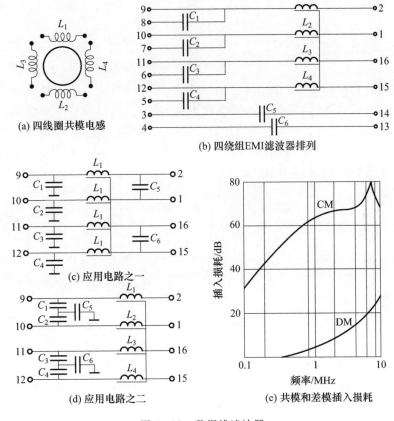

图 6 - 23 数据线滤波器

第7章 接地与搭接

与第5、6两章的屏蔽和滤波一样,接地与搭接技术也是非常重要的电磁兼容设计和防护技术。本章将对这一技术给出比较详细的介绍,包括接地和搭接的目的、概念,各种接地方法,接地指南和实例,搭接方法、注意事项、设计指南和搭接实例等。

7.1 概述

接地和搭接在电磁干扰抑制技术中的地位可以用一句老话来概括:"接地与屏蔽结合起来,就能解决大部分电磁干扰问题"。搭接和接地虽然是古老的技术,但也是电磁兼容中最有难度的技术之一。不少事例证明,事故的出现往往与接地正确与否有关。很多功能设计很好的系统,由于搭接与接地问题,使电磁干扰无法得到控制,安全性能无法保证,系统无法兼容,这样的例子在工程实践中屡见不鲜。

7.1.1 搭接和接地的定义

有人认为,接地是一个电路概念,而搭接是这个概念的物理实现。也有人认为,接地是搭接的一种形式。那么究竟什么叫接地、什么叫搭接呢?本节将从电磁兼容国军标中寻找答案。

1) 搭接(bond、bonding)的定义

定义 a:使两物体之间具有导电性的任何固定结合。这种结合可以是两物体导体表面的直接接触,也可以是加装在两物体之间牢固的电气连接。

定义 b:在电气工程中,将各金属部分连接在一起,对直流和低频交流电流呈现低电阻电气接触的一种方法。

2) 接地(grounding<美>、earthing<英>)的定义

定义 a:将设备外壳、框架或底盘搭接到物体或运载工具的结构上,保证它们同电位。

定义 b:将电路或设备连接到大地或起大地作用尺寸大的导体上。

由上述定义可知以下几点。

（1）当搭接线的长度与工作波长可以比拟时,因不能保证搭接线所连接的两个物体同电位,因此这样搭接不能称为接地,而只能称为搭接。

（2）称接地是搭接的一种形式也是可以的。

（3）接地是一个相对的概念,它不一定都是接大地,如飞行平台就无法接大地。所以接地概念在不同的情况下有不同的含义:在设备与电路内部,接地指接到一个作为零电位点或零电位面的共同参考点或参考面;在设备外部,指在设备（或系统）与"大地"之间建立低阻抗传导通路,以便与"大地"相连接。

（4）某些金属接地板与电路之间,虽然没有直接接入,但存在耦合分布电容。高频电流会越过分布电容,通过金属接地板形成回路。显然,这些金属接地板对直流、低频不能称为接地板,但对高频信号而言可称为高频接地平板。

（5）与直流、低频情况不同,任何导线（包括地线）对高频而言都有一定的阻抗,与它相连不能称为接地。

7.1.2 搭接和接地的目的

1）搭接的目的

（1）保护设备和人身安全,防止雷电放电的危害和静电荷的积累。

（2）建立信号电流单一而稳定的通路。

（3）防止电源偶尔接地时发生电击危险,建立故障电流回流通路。

（4）减小装置之间的电位差,避免与减小电磁干扰。

（5）降低机柜与壳体表面流动的射频电流。

2）接地的目的

（1）建立与大地相连的低电阻通路,使雷击和静电放电电流有优先通路直接流入大地,确保设备的正常运行和人员的安全。

（2）建立设备外壳附近金属导体间的低电阻通路,当设备中存在漏电流时不致危及人身安全。

（3）为电路及设备提供一个共同的基准电位（即共同的等电位点或等电位面）,使电路稳定地工作。例如,将电源的一个极作为参考电位或零电位,与此极连接的低阻抗导线即为地线或零电位线。又例如,对电脑和高灵敏计测装置而言,信号以电压的形式传递的场合较多,无论是模拟信号还是数字信号,在传递电压信号时,必须要有稳定的电位基准点。在地球上生活的人类,就不必再找比地球还稳定的电位基准点了,因为地球的尺寸与所有人工的设备相比较均为无限大。因而,地球导体几乎具有无限大的电容,经多次充电,电位也不会上升。

（4）减小干扰,尤其是地电位的干扰。

（5）改善屏蔽效能。从某种意义来讲,接地能起屏蔽隔离作用。如在印制电路板设计中,信号线之间增设接地线,可减小信号线之间的互耦干扰。

7.1.3 搭接和接地的应用场合

1）搭接主要应用
（1）设备外壳之间。
（2）导线屏蔽体与地回路之间。
（3）设备与地之间。
（4）接地平面与连接大地的地网之间。
（5）信号回路与地回路之间。
（6）静电屏蔽与地之间等。
（7）电源回路与地回路之间。
2）接地主要应用
（1）信号电路(包括印制电路板)接地。
（2）电缆线接地。
（3）电源线接地。
（4）设备壳体、机柜接地。
（5）滤波器接地。
（6）建筑物安全接地。
（7）屏蔽体接地。

7.2 接地的基本知识

本节首先介绍什么叫接地电阻,接地电阻与什么有关,以及地电位的分布状况,为安全接地提供理论依据;然后介绍接地电流引起的原因及地回路干扰,为EMI 控制接地(或信号接地)的选择提供理论指导;最后介绍接地的方式与分类。

7.2.1 接地电阻

图 7 - 1 所示为接地的概念。接地时埋设在大地中的电气端子(称为接地电极),通常是导体。接地设备和接地电极的连接电线称为接地线。从被接地设备经接地线、接地电极流向大地的电流叫作接地电流(图中 I_g)。

接地是否良好的指标就是接地电阻。该电阻较低,说明被接地设备和大地实现了良好连接。接地电阻的定义如下:

当有一接地电极,流入接地电流 I_g(A)时,如图 7 - 2(a)所示。这时,接地

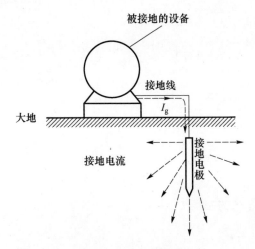

图 7 - 1　接地的概念

电极的电位比接地电流流入前升高 $E(\mathrm{V})$,如图 7 - 2(b)所示。把 $E/I_{\mathrm{g}}(\Omega)$ 作为接地电极的接地电阻。这是根据欧姆定律来定义接地电阻的。

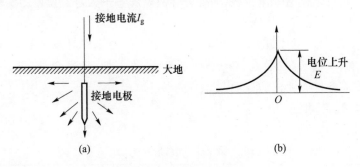

图 7 - 2　接地电阻的定义

在实际测量接地电流和接地电极电位时,应注意:

(1) 测量接地电流时,其归路电极一定要远离接地电极,以免对接地电极产生影响(图 7 - 3)。另外,电源取直流时,忽略直流电流产生的电化学现象。

(2) 测量接地电极电位时,理论上应以无限远方作基准测量点,但实际不可能。这时可采取以下两种解决的办法。

① 选择测量出不因接地电流引起电位变动的点,即与通电前的状态不变的地方。

② 把电位测定的基准点选择在靠近接地电极的地方,但由此引起的测量误差 ΔE(图 7 - 4)要在允许值范围内。

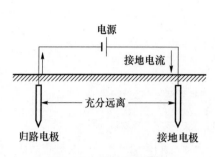

图 7-3 测量接地电流

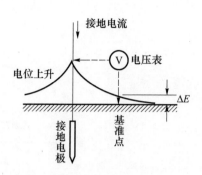

图 7-4 电位测量基准点选择

7.2.2 接地分类与方式

7.2.2.1 接地分类

工程中的接地种类繁多,但归结起来可分为以下两大类。

1)保护接地(安全接地)

从安全角度考虑,电气设备外壳、底盘、机座等都应接地,即通过导线使之与大地连接,和大地保持等电位,从而保障在故障状态下人身及设备的安全。

2)工作接地(信号接地)

它可以是大地电位,也可以不是大地电位。按照工作对象和用途不同,可以分为信号地、模拟地、数字地、功率地、电源地、负荷地、计算机地、外设地、载荷地、测试地等各种专业性的接地。

7.2.2.2 接地方式

各种接地方式见表 7-1。

表 7-1 接地方式

名称	图例	特点	使用场合
浮地		系统不与大地连接	能避免接地系统上的噪声传至信号电路上,但应注意以下两点: (1)绝缘要好; (2)要防静电。 通信系统不推荐
串联单点接地		(1)每根导线都呈现电阻性,A、B、C 电位有差别 (2)省工、省料、简单	(1)不宜应用于功率强度相差很大的系统间; (2)接地点应位置于弱信号电路处; (3)低频小信号接地

116

名称	图例	特点	使用场合
并联单点接地		所有对地连接都接到某一接地基准点	（1）为低频电路（≤300kHz）最佳接地方法，有助于控制传导干扰； （2）在工作波长接近地线长度时不能采用
并联多点接地		（1）用接地平板代替各部分的地回路； （2）电路构成容易，接地线少	（1）高频大于300kHz，低频可至30kHz； （2）能避免高频接地系统中驻波效应的唯一办法
混合多点接地		单点接地与多点接地相混合	用于射频大功率电路
复合式单点接地		（1）多种接地点的复合； （2）按功率电平分组接地	用于系统。分成3个接地点。A为信号接地点，用于低功率电子线路。B为大功率接地点。C为机壳接地点，专供机械外壳、机身、机架、机壳底盘等使用，最后将3个接地点接于同一个接地点上

7.3 接地的实施

7.3.1 EMI 控制接地

　　EMI 控制接地为信号接地（或工作接地、电路接地），是每个电路和设备设计师所必须考虑的问题。从电路设计、印制电路板制作以及设备的组装、调试及设备分系统安装，到武器装备平台和系统联调，都必须与信号接地打交道。

　　在设计和制作印制电路板时，因与电路形式、频率高低、电平大小、全局安排、经验积累等诸多因素有关，地线设计有一定难度。若设计不妥，会引起电路自激，工作不稳定；若屏蔽地接得不好，会降低屏蔽效能；若滤波器接地不好，会影响滤波性能等。

　　在武器装备平台上，常常按用途来命名和归类地线，如无人机机载电缆，将地线命名为控制地、测量地、任务设备地、横向通道地、纵向通道地等。各种武器装备平台的电缆地线都可以列出类似的名称,表示地线的属性。

地线设计,严格来讲是各专业电路设计师的任务。但由于种种原因,设计师们很少去了解自身研制的武器设备对接地的要求有什么标准可以遵循。因此,电磁兼容工程师有必要将有关内容介绍给电路设计师,以增强加其接地知识,不断总结工作中的经验,丰富和充实接地技术。

下面将根据信号特征介绍有关信号接地要点。

7.3.1.1 低频电路接地

1) 接地原则

(1) 应采用一点接地原则,尽可能采用并联接地,信号电平较低时可采用串联接地方式。

(2) 一点接地的接地点应选择在低电平处。

(3) 信号电平差别不大或放大电路级数不多时,在印制电路板线路设计时也可采用串联一点接地。

(4) 高电平和低电平电路应分别设置地线。

(5) 尽可能不要使公共地线流过大的冲击电流或变化激烈的电流。

2) 接地的实施

(1) 接地不能遵循某一固定程式,应在实际电路中灵活使用。

(2) 棕榈树式一点接地。图 7-5 中 A、B、C、D 均为接地点,然后用较粗的导线接至总接地点 E。其实施关键在于如何将接地电路分配组合,既考虑接线位置,又考虑电平及噪声状况。这种接地方法的优点显而易见,即连线短,就近接地,不易形成地环路。

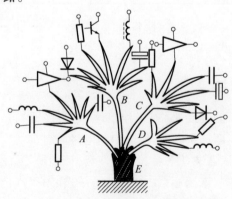

图 7-5　棕榈树式接地

(3) 低频系统接地可采用放射状排列,最后并联汇总到一点系统基准地,如图 7-6 所示。

118

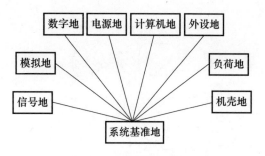

图 7 - 6　放射状一点接地

（4）测量电路一点接地。由于测量电路大多是放大微弱信号（微伏级或毫伏级，甚至更小），对电路的稳定性和灵敏性要求甚高，对接地的要求也十分苛刻。通常要求一点接地，或输入端或输出端。如图 7 - 7 所示，图 7 - 7（a）所示为两点接地测量系统，即在传感器和测量放大器两处接地。因任何两个接地点间都不可能做到等电位，故有地电压 u_{cm} 并形成干扰电流 I_{max}，流过信号地线，造成干扰。

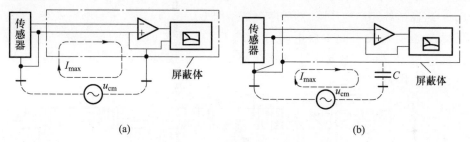

(a)　　　　　　　　　　　　　　(b)

图 7 - 7　测量电路接地

若改由一点接地，如图 7 -7（b）所示，在传感器端接地，并将屏蔽体接地于输入端，放大器输入端不接地，从而断开地线回路，使干扰大大减少。图中的电流 I_{min} 为来自杂散电容 C（很小）的漏电流，该电流仅流过屏蔽层而不流经测量放大器的信号地线。

7.3.1.2　高频电路接地

接地原则与实施如下：

（1）应采用多点就近接地，且地线一般应与机壳相连。若采用单点接地，则其地线长度不得超过信号波长的 1/20（如 10MHz 时，接地线不能超过 1.5m）；否则应采用多点接地。

（2）对于大功率高频电路应采用大面积接地，且采用混合接地方式。

（3）高频接地应着重考虑其电抗分量（特别是感抗分量）。

（4）采用湖泽式接地方式，见图 7 - 8。地线拟采用大面积铜板（印制电路板）和电源线构成旁路电容，作滤波器使用。

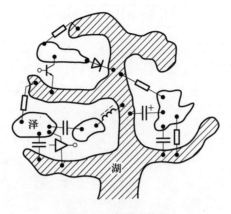

图 7 - 8　湖泽式接地

图 7 - 9 所示为中频放大器印制电路板单点接地实例,图 7 - 9(a)所示为一级放大器的电路,其中接地点为 G_4、G_5 和 G_6 三点,图 7 - 9(b)所示为一种接地方案印制电路板,可以看出 G_4、G_5、G_6 三点之间为一公共地线,有电流流过,在 $G_5 - G_6$ 段地线间产生压降,然后经公共地线 $G_4 - G_5$ 段加入电路的输入端,形成反馈,这就有可能引起中放电路自激或工作不稳定(因为一般中放放大量较大)。若按图 7 - 9(c)设计,将本级电路中的 3 个接地点集中在一处,就可避免较长的公用地线。

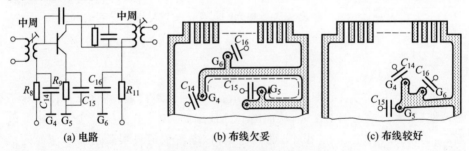

(a) 电路　　　　　　　　　(b) 布线欠妥　　　　　　　　　(c) 布线较好

图 7 - 9　中频放大器接地实例

7.3.1.3　数字电路接地

接地原则与实施如下:

(1) 数字电路中,由于晶体管输入输出阻抗低,因此对低阻抗的磁场较为敏感,必须减小电路的环路面积,这样绝大多数干扰都可以消除。

(2) 数字电路的接地噪声是由瞬态电源电流和信号返回电流引起的,接地系统的信号电流不能采用去耦或旁路电容控制,只能减少接地电抗,尤其是感抗。

(3) 数字地必须与其他地分开。

120

（4）在印制电路板上采用接地栅网,可以使噪声电压下降一个数量级,比单点接地好,如图 7-10 所示。图 7-10(a)将有联系的集成电路 IC_1 和 IC_2 靠得很近,但却使用了两条相邻的地线印制线,从地线 A 点通过 B 点再到 C 点,显然路程较长,地线阻抗较大。图 7-10(b)采用了接地栅网,使 IC_1 和 IC_2 的地线大大缩短。

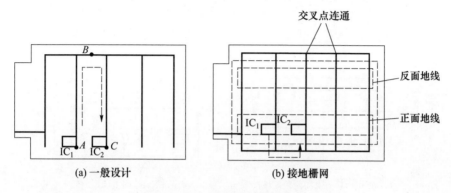

图 7-10　印制电路板地线设计

（5）更好的办法是采用汇流排连接器件形成网状结构。汇流排连接器件是用两片薄层状的铜导体黏合在一起,中间用一种树脂薄膜(厚度仅 $25 \sim 50\mu m$)作为绝缘物隔开。其中一片导体作为地线,另一片作为供电电源线。两层导体均有一系列引出脚,可直接焊在印制电路板上。两层导体间的绝缘电压大于直流 250V,绝缘电阻大于 $500M\Omega$。两层导体之间形成电容器特性,如 $100 \sim 110pF/cm^2$ 的容量。

图 7-11 所示为 4 种小型印制电路板对比试验。采用不同的接地方式引起的噪声电压情况如图 7-12 所示。

图中:图 7-11(a)是普通印制电路板,集成电路下面平行走线为电源线和地线;图 7-11(b)是地线和电源线分别呈梳子形交叉;图 7-11(c)是在图 7-11(b)印制电路板上横向各加两条汇流排;图 7-11(d)中电源和地线均由汇流排构成井字形结构。

被试验的电路是一个计数译码电路,由 6 块集成电路构成,其装配位置基本相同。对比试验的测试点在反相器 SN7404 的地端和电源端,计数器的输入脉冲频率分别为 2MHz 和 10MHz,测试用双线示波器。当电路工作时,可以看到在时钟脉冲的前后沿期间,在地线或电源线上有噪声出现,这种噪声脉冲就是由于冲击电流在印制线条电感成分上所产生的。由图 7-11 可看出,地线和电源噪声在不同形式印制电路板上是不相同的。由此可见,接地设计有一定的难度。

（6）当数字信号的前沿或脉冲宽度较窄时,应按高频电路接地方式来处理。

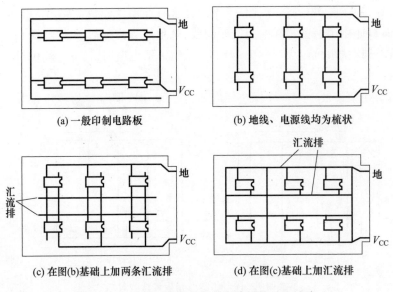

(a) 一般印制电路板

(b) 地线、电源线均为梳状

(c) 在图(b)基础上加两条汇流排

(d) 在图(c)基础上加汇流排

图 7-11 4 种不同类型印制电路板的对比试验

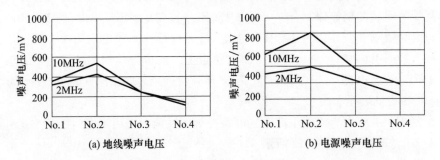

(a) 地线噪声电压

(b) 电源噪声电压

图 7-12 不同类型的印制电路板与噪声电压的关系（No:印制电路板编号）

7.3.1.4 电源电路接地

接地原则与实施如下：

（1）电源线的回线与其他电路的回线不应该共用一条导线。

（2）当电源向多路负载供电时,最好采用负载分离法供电。这样既可减小电源的接地阻抗,又可以减小负载间的相互耦合。

（3）抑制干扰的电路接地应选择在输入端。

（4）开关电源控制电路的地和主电路的地最好在整流二极管处一点接地。

（5）组件主电源回线不应连接到机箱上。

（6）组件内二次电源地应与主电源的电源地隔离。

（7）组件内每个二次电源应使用单独的地线回路。

122

7.3.1.5　电缆屏蔽层的接地

电缆屏蔽层的作用是抑制噪声源向外界辐射,同时减小电路环路面积,使导线不受外界噪声环境的影响。这两个作用都受电缆屏蔽层接地的影响。

电缆屏蔽层接地原则与实施如下:

(1) 在低频时,必须采用单端接地,接地点可选择在信号源端或放大器输入端。因为在频率低于屏蔽体截止频率 ω_c 或 $5\omega_c$ 时(屏蔽体的截止频率 ω_c 定义为 $\omega_c = R_s / L_s$,其中 R_s、L_s 分别为屏蔽体的电阻和电感。大多数电缆,屏蔽体的截止频率及 5 倍的截止频率在数千赫到数十千赫之间),大部分电流将从地面回路返回,这时屏蔽作用较小。

图 7－13 所示为同轴电缆和屏蔽双绞线不同接地方式屏蔽效能的比较。

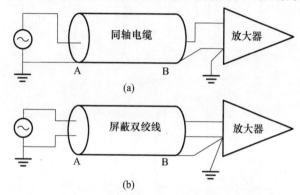

图 7－13　屏蔽电缆接地对屏蔽效能的影响

说明如下:

① 对 7－13(a)所示的同轴电缆接地。

a. 若 A 不接地,B 接地,屏蔽效能为 80dB。

b. 若 A、B 均接地,屏蔽效能为 27dB。

② 对图 7－13(b)所示的屏蔽双绞线接地。

a. 若 A 不接地,B 接地,屏蔽效能为 70dB。

b. 若 A、B 均接地,屏蔽效能为 13dB。

(2) 当电缆长度小于 0.15λ 时(工作频率最高的波长)应单点接地;当电缆长度大于 0.15λ 时应以 0.15λ 的间隔多点接地。当不能用该间隔实现多点接地时,则应两端接地。

(3) 当低电平传输采用多层屏蔽时,建议各屏蔽层用单点接地。

7.3.2　金属件及接插件接地

1) 金属件接地

对各种由导电金属所形成的电气柜(箱)、机壳、底盘、较大面积的金属托架、汇流排等,出于保护接地和提高电子系统的抗干扰性目的,要求接地可靠,接地电阻小。图 7 – 14 所示为 3 个电器机箱的接地。图 7 – 14(a)接地方式存在以下问题。

（1）串联接地,引起机箱相互影响。

（2）接地点不应选在箱门等活动部位或底脚、隔板、框架的结合部位。

（3）电气接触不可靠,因为箱门、底脚均由铰链、螺钉等连接,且接触电阻大。

图 7 – 14(b)所示为正确连接方式。

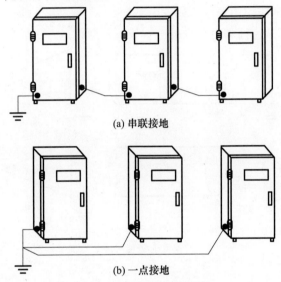

(a) 串联接地

(b) 一点接地

图 7 – 14 电器机箱接地

2）接插件接地

图 7 – 15 所示为接插件连接不同信号电平时端子的一种安排。由图中可以看出,将电源端子、接地端子(其中包括高电平地和低电平地)和备用端子安排在中间,可以起着隔离和屏蔽作用。而高、低电平端子安排在两边,有较好的信号干扰抑制作用。

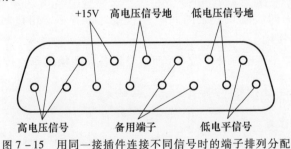

图 7 – 15 用同一接插件连接不同信号时的端子排列分配

124

有人将电源线和地线分设在接插件两边,信号线在其中,显然不是最佳方案。

7.3.3　电子设备混合接地

图7-16所示为典型的电子设备混合接地使用的例子。在该设备中既有低频电路,又有高频电路;既有低电平电路,又有高电平电路;既有信号地线、电源地线,又有电极地。其接地设计具有以下特点。

（1）地线分类连接,然后汇集到一点大地电极。

（2）高频采用多点接地,低频采用单点接地。

（3）高、低电平接地分别设置。

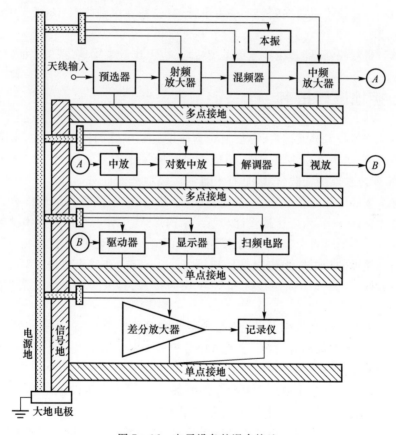

图7-16　电子设备的混合接地

7.3.4　无人机机载电缆的接地

小型无人机由于其结构为玻璃钢材料,机上电缆是传导干扰、辐射干扰的主要传播途径之一,电缆接地的设计是机上电磁干扰控制的主要环节之一。总结以往飞机机载电缆和接地技术,提出以下建议。

（1）功率地、信号地、控制地、安全地、数字地分开。

（2）可以将横向控制通道与纵向控制通道的地分开设置。

（3）载荷地（即任务设备地）、工作地（主机遥控遥测地）分开。

（4）直流与交流不共地,将交流供电地与全机供电地隔离。

（5）发电机（如稀土发电机 400Hz、36V）与直流地（电池供给）隔开。

（6）机上采用浮地,即所有机上设备的机壳不与飞机的梁连接（对玻璃钢结构的无人机,飞机的梁有的是铝合金,有的是非金属,而且有可能分段设置,从电角度考虑是不连续的）。

（7）各种地线电缆在安装上采用平行辐射,并在电池零点（相当于汇流点）一点接地。

（8）对双绞线、屏蔽线接地可单端接地,也可以双端接地,视情况而定。

7.4 接地设计指南

由于接地技术涉及面广,再加上对具体设施和电路的接地技术的应用存在不同的认识（因为在很多情况下,不能通过试验来证明）,要想将接地技术运用自如,不通过长期的实践、摸索是有困难的。吸取前人已有的经验,将接地理论与自身从事的工作结合起来,不断地实践、总结,才能不断提高接地技术。下面给出接地设计指南,由于接地设计与系统结构形式、工作要求以及具体设备的设计目标等诸多因素有关,因此对于接地"指南"应辩证地运用,不能死板。

（1）接地的目的简而言之是保护设备、人身安全和减小电磁干扰的影响。因此,它可以分为安全控制接地和 EMI 控制接地,即安全接地和工作（信号）接地。

（2）安全接地是保障人身设备安全的重要措施。其中有安全保护接地、防雷接地、静电泄漏接地等,这些接地可以分开也可以公用（视情况而定）。不同的设备和不同的应用场合对接地电阻的要求是不同的。若采用公用接地,则应选择各接地电阻的最小值。在经费允许的条件下,接地电阻设计得越小越好。

（3）所有接地线应尽可能短,并且接地牢靠。

（4）接地参考平面应设计成高电导率,便于维修。在系统工作中遇到压力和震动条件也要保持高电导率。

（5）对信号回路、信号屏蔽回路、电源回路以及机架或机箱地、保持独立接地系统,然后在一个基准点上将它们连接在一起。

（6）接地方式分单点接地、多点接地、混合接地。接地方式的选择与频率关系密切,它体现在接地线与工作频率波长的关系上。

① 单点接地的应用范围一般在 30kHz 以下,有时可至 3MHz 以下。

② 多点接地的应用频率范围在 30~300kHz 以上。

③ 单点和多点混合接地的应用范围包括单点接地和多点接地的运用范围。

(7) 接地线应按电平分类设置。一点接地点的选择应放在低电平处。

(8) 数字电路接地尽可能采用汇流排的形式。在系统中,数字地最好单独设立。

(9) 电缆屏蔽接地大多采用一点接地。多层屏蔽应按层一点接地。

(10) 当接地不能解决环路问题时,可采用浮地(用隔离变压器或光电耦合电路),但要注意绝缘设计。

7.5 搭接

在 7.1 节中介绍了搭接的定义、目的和应用场合,本节将在此基础上介绍搭接的方法、要求、搭接的注意事项和搭接电阻的测量以及搭接设计指南和搭接的有效性。

搭接是在金属结构件之间提供稳定的低阻抗电流通路。对武器设备而言,搭接是提供电源电流返回通路,保护人身安全和静电防护、雷电防护、保证低阻抗地网的必要措施。搭接得良好与否会直接影响装备的安全与性能。

7.5.1 不良搭接带来的后果

搭接良好可以减小电子系统的故障,保护信号参考网络、屏蔽网络和雷电保护网络内各点之间的电位差。不良搭接带来的后果表现在以下几方面。

(1) 交变电力线路上的搭接松动会在负载上产生大的压降,发热引起火灾。

(2) 信号线路上搭接松动,会提高搭接阻抗,使信号下降,干扰增加。

(3) 如果雷电防护搭接不好,则起不到保护作用;相反,雷电的强大电弧会使搭接点产生几千伏电压,引起爆炸和火灾的危险。

(4) 搭接好坏还能影响其他干扰控制措施的性能,如屏蔽效能和滤波器滤波性能等。

图 7-17 所示为滤波器搭接不良的等效电路,LC 为 π 型滤波器。若搭接良好,$R_\mathrm{B} = 0$,输入干扰信号通过①通道由电容 C 到地;若搭接不良,电容器到地有较大的搭接电阻 R_B,输入干扰信号通过②通道到达输出端。显然,降低了滤波器的滤波性能。

(5) 在高电平射频电磁场环境下(如在大功率

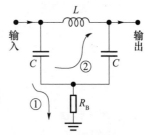

图 7-17　不良搭接对
滤波器影响

127

发射机照射下的舰船甲板上),若存在着搭接不良,则搭接处就相当于一个二极管(因两种不同金属搭接),它具有非线性特性,会引起检波、混频、互调作用,产生更为复杂的干扰信号。

7.5.2 对搭接电阻的要求

对搭接电阻的要求将根据其用途不同而有所不同。

(1)雷电放电或大电流故障电流放电,要求 $R_B \ll 50\text{m}\Omega$。

(2)为降低噪声的搭接,要求 $R_B \leq 50\text{m}\Omega$。

机载设备的电搭接电阻应符合 GJB358—87 的规定。

(1)设备机箱与飞机基本结构之间应不大于 2.5mΩ。

(2)电源滤波器壳体与机箱之间应不大于 300$\mu\Omega$。

(3)电连接器外壳到基本结构件之间应不大于 1mΩ。

(4)搭接线接头与安装面的接触电阻应不大于 100$\mu\Omega$。

7.5.3 搭接方法和注意事项

7.5.3.1 搭接方法

通常将搭接分为直接搭接和间接搭接两种方式。

1)直接搭接

直接搭接又分为永久性搭接和半永久性搭接。永久性搭接是指装置在预期寿命期间,不需拆卸检查、维修更改的那些连接。在互连元件之间不使用辅助导体建立有效的电气通路。

永久性搭接的方法有以下几种。

(1)熔接。这是理想的搭接方法,搭接电阻实际上为零。其工艺手段有气焊、电弧焊、氩弧焊、放热焊等。

(2)硬钎焊。包括铜焊和银焊,其搭接电阻也基本为零。但因使用与原搭接元件不同的金属,所以要保护接点免受腐蚀损害。

(3)软钎焊。常用于几种高电导率金属(如铜、锡或镉等)的快速搭接,搭接电阻也几乎为零。但因熔点低,不允许用在故障保护通路上的搭接。

半永久性搭接,即可拆卸式搭接,它要求拆卸时不损坏或不显著地改变搭接元件。搭接的方法有螺钉、铆钉、夹箍或其他辅助紧固体和导电黏合剂搭接,即将加有银粉或铜粉的导电环氧树脂用在配接表面之间,实现低电阻搭接。

2)间接搭接

当操作要求不可直接搭接或设备的位置关系不便于直接搭接时,要用辅助导体作搭接条进行设备与接地参考系统之间的连接。例如,当设备与其参考平面之间必须在结构上分离时,或设备需要防震时应采用间接搭接。

除了上述分类方法,搭接的另一种分类方法为按照工艺的不同来分类,包括热工艺搭接、机械工艺搭接和化学工艺搭接。

（1）热工艺搭接,如钎焊（软焊、硬焊）、熔接（气焊、电弧焊、氩弧焊、CO_2 保护焊）、点焊。

（2）机械工艺搭接,包括螺栓、压接、铆钉、夹箍、螺钉、绞合电线等。

（3）化学工艺搭接,如导电黏合剂。

7.5.3.2 搭接注意事项

1）直接搭接的接触电阻

直接搭接的接触电阻与表面杂质、表面硬度、接触压力、接触面积等有关。

2）间接搭接的搭接电阻

间接搭接电阻等于搭接导体的固有电阻和每个搭接头上金属与金属间的接触电阻的总和,一般间接搭接电阻应小于 $0.1m\Omega$。当工作在高频时,搭接阻抗电阻应考虑高频电阻和有关电抗部分。造成高频电阻和电抗的原因包括集肤效应、搭接条的电感以及搭接条与被连接的物体之间的杂散电容等。

3）搭接点的腐蚀

当搭接工艺采用两种不同的金属时,其接触面在电解质作用下就可能产生电化腐蚀。两金属的电化序离得越远,腐蚀就越严重。因此,需要接触的金属应尽可能选用电化序靠得近的。表 7 - 2 给出了金属相容组别。同一组别的金属接触时,比不同组别的金属接触时的电化腐蚀作用要小。

表 7 - 2　金属相容组别

组别	允许接合金属类别
Ⅰ	镁、锌
Ⅱ	铝、铝金合、锌、镉
Ⅲ	碳钢、铁、铅、锡、铅 - 锡焊料
Ⅳ	镍、铑、不锈钢
Ⅴ	铜、银、金、铂、钛

4）表面准备与接触点保护

在实施搭接之前,搭接表面必须无任何外界杂质（如污物、粉屑、防腐剂等）以及不导电的薄膜层（如油漆、阳极化膜、氧化层和其他夹层氧化薄膜）。清洗后,应尽快进行组装或连接。搭接完成后,应利用适当的保护剂对搭接区进行封闭。

7.5.4　搭接的测量

搭接的电性能考核指标是搭接点的搭接电阻和搭接条的阻抗,下面介绍相关的测量方法。

7.5.4.1 搭接电阻的测量

搭接电阻的测量配置与测量原理如图 7 - 18 所示。

图 7 - 18(a)所示为微欧表(如 DM - 100 型数字微欧表)测量搭接电阻的配置图,表中电压端子 A、B 靠近搭接点,电流端子 C、D 离搭接点远。

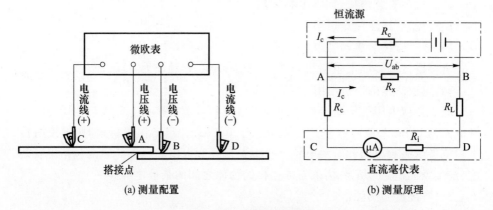

(a) 测量配置　　　　　　　　(b) 测量原理

图 7 - 18　搭接电阻测量

图 7 - 18(b)所示为测量原理。表中有直流恒流源和直流毫伏表,R_x 为被测搭接电阻,R_L 为引线电阻和接触电阻之和,R_i 和 R_c 都远远大于 R_L 和 R_x。

$$R_x = \frac{U_{ab}}{I_c} \qquad (7 - 1)$$

式中:R_x 为被测搭接电阻;U_{ab} 为电压端子 A、B 的电压;I_c 为恒流源的电流。

DA - 100 型微欧表的输出电流有 1A、100mA、10mA 和 1mA,测量电阻范围为 2mΩ ~ 2kΩ。

7.5.4.2 搭接条阻抗的测量

当工作在高频时,间接搭接的搭接条的阻抗不再是纯电阻。因此在实施搭接工艺前,有必要对所用搭接条的射频阻抗进行测量。

1) 测量原理

采用插入损耗法测量。其原理如图 7 - 19 所示,图 7 - 19(a)所示为未接搭接条,仅接负载 Z_L,可得一电压 U_1;图 7 - 19(b)所示为接上搭接条后,为使 Z_L 上仍然保持电压 U_1,应加大信号源的电压至 U_2,若信号源内阻 Z_s 和负载电阻 Z_L 已知,则可求出 Z_x 的值。

假设 $Z_s = Z_L = 50\Omega$,则搭接条阻抗为

$$Z_x = \frac{25}{\dfrac{U_2}{U_1} - 1} \qquad (7 - 2)$$

130

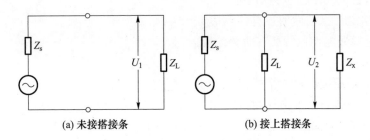

(a) 未接搭接条   (b) 接上搭接条

图 7 – 19   搭接条阻抗测量原理

式中:U_1 为仅接负载 $Z_L = 50\Omega$ 的信号源电压读数;U_2 为接上搭接条后信号源的电压读数。

当信号源在不同频率时,就可以测量不同频率状态的搭接条阻抗。

2)测试方法

测量配置如图 7 – 20 所示。

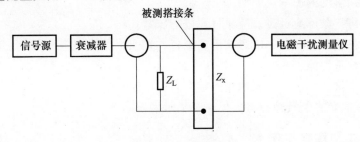

图 7 – 20   测量配置

测试步骤如下:

(1)信号源调在某一测试频率上。先不接被测搭接条,调节信号源输出,使干扰测量仪上有一定读数。注意信号源输出要小,只要干扰测量仪能有效地读数,则记下信号源读数 U_1。

(2)接上被测搭接条,调节信号源大小,使干扰测量仪保持原来读数,记下信号源第二次的读数 U_2。

(3)根据式(7 – 2)计算搭接条在某个频率时的阻抗。

(4)改变频率,重复(1)、(2)、(3)步骤,就可以测出不同频率时的搭接条阻抗。

7.5.5   搭接设计指南

(1)必须将搭接纳入到武器装备或系统的设计范畴,并规定各种搭接的注意事项。

（2）搭接的工艺步骤如下：

① 清除搭接表面的所有外界杂质和杂物,其中包括接触区域内的导电性比被连接金属导电性低的所有防护涂层。

② 采用标准搭接工艺,精心搭接。

③ 利用涂覆层保护搭接点。

④ 在设备整个寿命期间,必须对接点进行检验、测试和保养维修。

（3）同类金属间用焊接、钎焊或铜焊构成的金属－金属的直接连接是最好的搭接。

（4）当必须搭接两种不同金属时,应特别注意连接处出现电蚀的可能性,应当选择电化序相互靠近的金属。

（5）间接搭接应采用扁平带状,宽度要宽,而且尽可能薄而短的导体,其长宽比应小于 5∶1,以求在较高的频率上提供低阻抗。

（6）搭接应当在整个接合面上提供金属－金属间的良好接触,且不受变形应力、冲击、震动的影响。

（7）搭接条不应通过非金属材料进行压紧。

（8）搭接条的安装不应影响活动部件在多种状态下的正常运行,不应影响减震器的减震性能。

（9）搭接条不应与电源地线固定在同一接地点上。

（10）鳄鱼夹及其他弹簧夹仅用于临时搭接。

7.5.6 典型搭接实例

图 7－21 和图 7－22 列举了工程上常用的搭接实例,供读者参考。

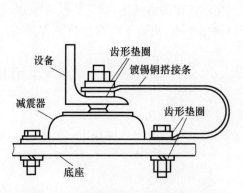

图 7－21 搭接线到结构部件的典型安装

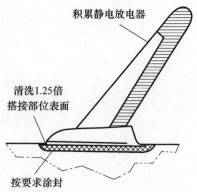

图 7－22 静电放电器搭接

132

第 8 章　元器件、线缆、连接器 EMI 控制

元器件、电线电缆(包括印制电路板线)、连接器在 EMI 控制中起着重要作用。本章将介绍电磁兼容工程领域中元器件的使用、电缆的选择和布设以及连接器的使用注意事项等。

8.1　概述

从电磁兼容的角度来看,元器件既是噪声源,又是抑制干扰的重要器件。电线、电缆和连接器也是电路和设备组成的基本单元,是信号传递必需的媒体之一。它们既是有用信号的传递媒体,也是无用信号(干扰信号)的传递媒体。

从电磁兼容观点来看,连接器往往是设备级电磁兼容设计的薄弱环节。经验证明,许多电磁干扰都是通过设备的插头、插座进入设备中,引起设备的敏感。

本章主要介绍 4 个方面的内容。

(1)在元器件的 EMI 控制中介绍元器件的噪声与干扰特性,具有抑制 EMI 特性的元器件,元器件的敏感特性和如何正确地选择和使用元器件。

(2)电线、电缆的特性和分类,其中包括集总参数特性和分布参数特性。介绍电磁兼容领域常用的两种线缆,即双绞线和光纤。

(3)电线电缆印制电路板线的布线指南,其中有印制电路板线布线设计、无人机布线设计。

(4)在连接器方面,重点介绍连接器对抑制 EMI 的重要性,以及使用时应注意的若干问题。

8.2　元器件特性

这里所说的特性是指在电磁兼容范畴内的器件特性。电阻、普通晶体管、场效应管、集成电路等,严格来讲都是固有的噪声源。

在电路设计中,若元器件选择不恰当,会给干扰带来新的耦合途径。另外,不少元器件具有自谐振特性,会引起寄生振荡,形成新的干扰源。

有些元器件具有抑制电磁干扰的能力,这正是要寻找的新型元器件和材料。

133

8.2.1 无源器件的噪声与干扰特性

8.2.1.1 电阻器的噪声

电阻器按结构分,有合成电阻、薄膜电阻和线绕电阻器。但不论何种电阻器都会产生噪声电压。

噪声电压由以下两部分组成。

1) 热噪声

$$U_t = \sqrt{4RkTB} \tag{8-1}$$

式中:U_t 为热噪声电压(V);R 为电阻值(Ω);k 为玻耳兹曼常数,$k = 1.374 \times 10^{-23}$J/K;$T$ 为绝对温度(K);B 为噪声带宽(Hz)。

2) 电流流过电阻产生的噪声

噪声电压近似为

$$U_c = I\sqrt{k/f} \tag{8-2}$$

式中:U_c 为在频率 f 下的有效值(V);k 为噪声质量的比例常数,取决于电阻器类型;I 为流过的电流(A);f 为频率(Hz)。

3) 电阻器的总噪声电压

$$U_{ttc} = \sqrt{U_t^2 + U_c^2} \tag{8-3}$$

表 8-1 表示各种电阻带宽在 20Hz~20kHz 内的总噪声电压。由表 8-1 可以看出,金属膜和线绕电阻产生的噪声电压比其他类型的电阻小。

表 8-1 各类电阻的总噪声电压

电阻类型	μV/V 噪声(电阻上每 V 产生的噪声 μV)
金属膜和线绕电阻	0.001~0.082
碳膜电阻	0.05~0.86
合成膜电阻	0.4~4.6

随着工作频率的提高,在 10MHz 以上时电阻的分布电容和自感显露出来,其电阻分量由于趋肤效应也增大,电阻的阻抗变成了复数阻抗。其等效电路如图 8-1 所示。

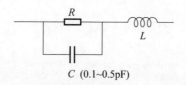

图 8-1 电阻器高频等效电路

在图 8 - 1 中，C 为 0.5W 电阻器的分布电容估值，L 为电阻引线电感，大约为 10nH/cm，显然该电阻已有了自谐振频率。随着频率的提高，其等效电路更为复杂。这样就限制了电阻在更高频率上的使用。

8.2.1.2 电容器

电容器品种繁多，除通常使用的云母、瓷介、金属化纸介、涤纶、漆膜、电解、玻璃釉电容器外，还有穿心电容器、无引线（表面贴装）电容器和微器件电容器等。

在这里先介绍电容器一般特性，然后介绍几种特殊电容器。

平行板电容器的电容，若忽略边缘电场效应，可以用式（8 - 4）表示，即

$$C = \frac{A\varepsilon}{t} \tag{8 - 4}$$

式中：C 为平行板电容器的电容量（F）；A 为平行板共用面积（m^2）；$\varepsilon = \varepsilon_r \varepsilon_0$，平行板之间的介电常数（F/m），其中 ε_r 为对应于自由空间的相对介电常数（无量纲），ε_0 为自由空间（或空气）的介电常数，取 8.85×10^{-12} F/m；t 为两板之间的间隔（电介质厚度）（m）。

大多数电容器在宽频带范围内的等效电路如图 8 - 2 所示。由图可以看出，电容器有自谐振频率。该谐振频率与电容器的尺寸、容量、电介质性质、引线电感（外部电感）、电极电感（内部电感）等诸多因素有关，并且随着频率的提高，会出现多个自谐振频率。显然，超过自谐振频率，电容会呈现感性。

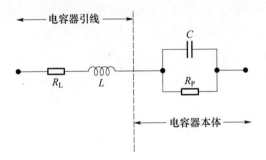

图 8 - 2　电容器的等效电路

R_L—接触和引线电阻；L—引线电感；R_P—介质损耗电阻；C—理想电容。

下面介绍几种特殊电容器。

1）穿心电容器

这种电容器的优点是自感小、无寄生电感、高频特性好。可利用引线电感组成 T 形低通滤波器。这种电容常用于非屏蔽（或屏蔽）与屏蔽的界面处，不会降低平板的屏蔽效能。

2）无引线（表面安装）电容器

这类电容器包括多层陶瓷片电容器（EIA 标准/美国、EIAJ 标准/日本）、X7R 介质片状电容器、NPO 介质片状电容器、Y5V 介质片电容器、AVX 固体钽质片状电容器、超微型片状钽电容。属于军品级的有片状电容器 MIL－C－55681（CDR01－06、CDR31－35）、RF/微波片状电容器 MIL－C－55681/4、表面安装钽质电容器 MIL－C－55365/4.8、高温片状电容器（IEC 标准）和片状镍电容器等。

片状电容器的内部结构如图 8－3 所示，根据内电极及介质材料选择不同而命名。片状电容器的突出优点是体积小、重量轻、温度特性好。如 CDR01 型片状电容器，其容量为 10～180pF，尺寸为 0.08mm（L）× 0.05mm（W）× 0.02mm（T）。

目前，片状电容器大量应用于航空航天设备中。

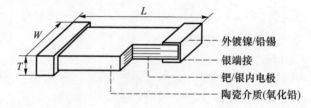

外镀镍/铅锡
银端接
钯/银内电极
陶瓷介质（氧化铅）

图 8－3　片状电容器内部结构

3）微器件电容器

用集成电路工艺制造电容器，它可以用集成（单片）和薄膜沉积（混合）形成。微器件工艺可获得的电容值不大，但对 SiO_2 和 10μm 结厚，当 $\varepsilon = 12F/m$ 时，对应的电容为 $1nF/cm^2$，可获得几皮法至几千皮法的电容量。该电容无寄生电感，频率可达几百 GHz。

8.2.1.3　磁性元件

磁性元件大多都作为绕制电感的材料。对于理想的电感，其电抗应随频率线性增加，但实际上一个电感的交流等效电路如图 8－4 所示。从图中可以看出，电感线圈存在着自谐振频率。

对电感器而言，与 EMI 有关的参数有分布电容、有效电感、品质因数（Q）、自谐振频率和饱和电流。

8.2.2　有源器件的噪声特性

1）双极型晶体三极管

三极管的噪声来自 3 个方面，即热噪声、散粒噪声和接触噪声。衡量三极管的噪声大小用噪声系数 N_f（dB）。它与频率的关系见图 8－5。

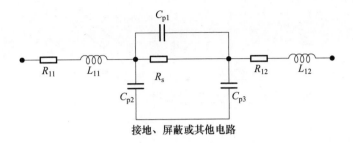

接地、屏蔽或其他电路

图 8 - 4　电感等效电路

R_{11}、R_{12}—引线电阻；R_s—线圈电阻；L_{11}、L_{12}—引线电感；L—线圈电感；

C_{p1}—电感线圈分布电容；C_{p2}、C_{p3}—线圈两端到地(屏蔽、其他电路)的分布电容。

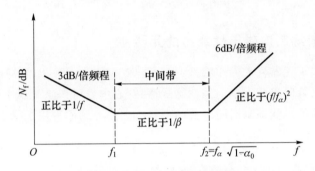

图 8 - 5　晶体三极管噪声系数

　　实际上,晶体管的噪声系数与信号源的内阻、使用的温度和电流相关。通常锗管适应内阻小的情况,硅管适应内阻大的情况。

　　在接收机灵敏度要求高时,晶体管噪声系数就成为关键参数。

　　2）场效应管

　　结型场效应管(JFET)的噪声系数与双极型晶体管差不多,且适用于更高的信号源内阻。绝缘栅型场效应管(MOSFET)由于不具备 PN 结,无散粒噪声,因而噪声系数更小,且可以用于内阻 $R_s \geqslant 10^9 \Omega$ 的情况。但其低频时噪声较大,所以数千赫以下的放大器不适宜用。

　　3）集成运放

　　集成运放要比分立的晶体管放大器具有更高的固有噪声,这是由于运放大多用于差动输入方式的电路结构,往往要用 2 个、4 个或 4 个以上的输入晶体管。

　　图 8 - 6 提供了一组典型的低噪声晶体管、结型场效应管以及集成运放的总等效输入噪声电压与源电阻的关系曲线。曲线中同时给出了源电阻的热噪声。

137

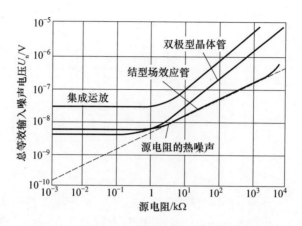

图 8 - 6 3 种器件的典型总输入噪声电压曲线

8.2.3 具有抑制电磁干扰能力的元器件

前面介绍了元器件的噪声特性,但元器件还有另一面,即能抑制电磁干扰。如电阻、电容,可以组成去耦电路滤除噪声;穿心电容可作滤波器使用;EMI 吸收磁环和磁珠等都是能抑制电磁干扰的器件。这里介绍两种用于瞬变电压抑制和雷电、EMP 保护作用的器件。

1) 压敏电阻

压敏电阻的符号,伏 - 安特性和使用电路如图 8 - 7 所示。压敏电阻是半导体陶瓷器件,主要用于保护设备和电路免遭过电压冲击,如雷电、EMP 等。这可以从 8 - 7(b) 的 U - I 特性上看出,当电压超过导通电压 $U_{0.1mA}$ 时(这时电流为 0.1mA),电流增加很快,而电压几乎保持不变(即恒压)。这样当外界电压超过 $U_{0.1mA}$ 时,如图 8 - 7(c) 所示,变压器上的电压就不会超过压敏电阻的导通电压 $U_{0.1mA}$,保护了电路与设备。

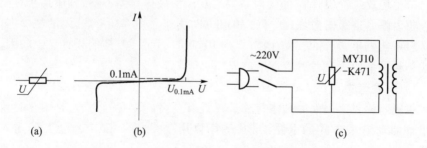

图 8 - 7 压敏电阻符号、伏 - 安特性及使用电路

压敏电阻的特点是,平均持续功率小(仅为几瓦),而瞬时功率可大于数千瓦。在 8 ~ 20μs 的脉冲瞬时电压冲击下可通过 50 ~ 2500A 电流。而在关断状

138

态,电阻很大,漏电电流小于 $50\mu A$。表8－2所列为武汉压敏电阻厂的部分产品的参数。

表 8－2　常用压敏电阻参数

参数 型号	标称电压 /V	残压 /V	冲击电流 (8/20μs) /A	静态电容 /pF	直径 /mm	厚度 /mm	引线直径 /mm
MYJ07 K5060	U_{1mA} 56	$U_{2.5A}$ 110	125 2次	950	9	4±1	0.6
MYJ10 K471	U_{1mA} 470	U_{25A} 700	200 2次	40	7	6±1	0.6
MYJ05 K271	$U_{0.1mA}$ 270	U_{20A} 500	200 2次	65	7	4.6±1	0.6

2) 瞬变电压抑制器(Transient Voltage Suppressor,TVP)

它属于瞬变抑制二极管,电路符号和外形与普通稳压二极管一样,但它能吸收高达数千瓦的浪涌功率,对电源网络起到瞬态电压保护作用。

8.3　元器件的敏感特性

元器件的敏感电压在电磁兼容设计、预测、仿真建模中都是不可缺少的重要参数。影响敏感电压的因素有以下几个。

(1) 器件本身的特性参数。

(2) 能量进入端特性和进入端的阻抗。

(3) 电路的功能及工作状态。

(4) 耦合能量的特性(时域或频域特性)。

(5) 对性能影响的程度。

耦合能量对元器件性能影响的程度可以分成以下三类。

干扰,定义为存在干扰能量时,器件的1个或几个参数的工作性能下降;而当干扰消失后,它又能恢复正常工作。

性能恶化,定义为在干扰能量消失后仍然能工作,但是1个或多个参数有变化或器件的使用寿命有所降低。

突变失效,定义为物理或电气上的永久性损失,使器件不能正常工作。

下面分别介绍运算放大器、稳压块、比较器、TTL器件、CMOS器件、线驱动器和接收器、双极型晶体管、微波点接触二极管等器件的敏感电平。

8.3.1　运算放大器、稳压块和比较器

8.3.1.1　运算放大器

运算放大器是一个线性集成电路,干扰将在其进入端产生偏置电压,因此用偏压大小作为测试敏感度的标准,被测的运算放大器的型号有 741、108A、201A、207、0042C 和 531。

敏感电平如图 8-8 所示,其离散值见表 8-3,这里作几点说明。

（1）频率为 220MHz,当偏置电压为 0.15V 时,其输入端的敏感电平为 0.012mW。假设输入阻抗为 1kΩ,则敏感电压为

$$U_s = \sqrt{P_s}\sqrt{R_{in}} = \sqrt{0.012 \times 10^{-3} \times 1 \times 10^3} \approx 0.11(V)$$

其物理含义为,当干扰频率为 220MHz、输入阻抗为 1kΩ,运算放大器的输入有干扰电压 0.11V 时,其偏压为 0.15V。

（2）由图 8-8 可以看出,随着频率的升高,运算放大器越不敏感。

（3）当运算放大器工作在高增益（R_F（反馈电阻）/R_{in}（输入电阻）大）时,即输入信号小时,运算放大器容易敏感（从表 8-3 也可以看出,检波电平小,敏感电平低）。

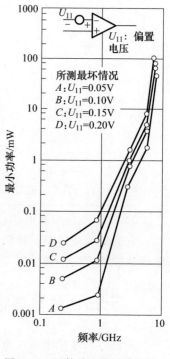

图 8-8　运算放大器敏感电平

表 8-3　运算放大器敏感电平离散值

敏感电平/mW（近似值）　　f/MHz　　检波电平/V	220	910	3000	5600	9100
0.05	0.0013	0.003	0.23	1.7	40
0.10	0.0044	0.012	0.64	3.6	50
0.15	0.012	0.022	1.0	4.0	70
0.20	0.024	0.08	1.6	7.2	100

8.3.1.2　稳压块

稳压块有三端稳压器和多端稳压器,前者使用方便,后者更加通用。前者输出端最为敏感,后者在参考路端和反馈端最敏感。由于稳压块大多是线性放大器,所以敏感度标准为输出电压变化 0.25V 即为敏感。

被测稳压器型号如下:

140

三端（5V）：309、320、78M05。

八端（12V）：300、305。

敏感电平与频率关系见图8-9和表8-4。

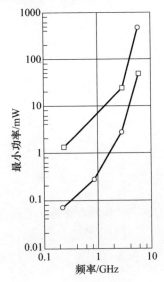

图8-9　稳压块敏感电平

□—三端稳压器；○—多端稳压器。

表8-4　稳压块敏感电平

类型	敏感电平/mW　频率/MHz　电压变化/V	220	910	3000	5600
三端	0.25	1.6	6	25	460
八端	0.25	0.068	0.26	2.8	62

由图8-9与表8-4可以看出，三端稳压器要比八端稳压器敏感度低，频率高的要比频率低的敏感度低。这是因为在三端稳压器中，电阻分压器直接做在基片上，所以运算放大器输入信号不会进入稳压器，且补偿电容和旁路电容具有分流作用。而八端稳压器中两个端直接与运算放大器输入端对应。射频进入这些引脚时被检波，而在放大器输入端产生一个偏置电压，引起输出电压漂移。

8.3.1.3　比较器

比较器对进入输入端的射频能量最敏感，这是因为其输入端为差分对。因此和运算放大器一样，也是以电压偏移值来确定干扰影响程度。其敏感电平见表8-5和图8-10。

当比较器输入电压在 -1.0mV ~ +1.0mV 之间变换时，输出电压在低、高电平之间变换(如710型比较器),生产厂规定的技术规范保证输入电压在－3mV～＋3mV之间转换。因此,通常用偏移值0.05V(50mV)作为敏感点,所以对220MHz的敏感电平为0.025mW。

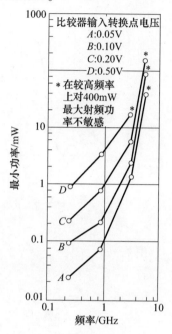

图8－10　比较器敏感电平

表8－5　比较器敏感电平

敏感电平/mW　　频率/MHz　　　　电压偏移/V	220	910	3000	5600
0.25	0.025	0.48	1.80	40
0.10	0.090	0.24	2.50	95
0.15	0.250	0.80	6.0	160
0.20	0.90	3.50	18	

8.3.2　TTL与CMOS器件

8.3.2.1　TTL器件

TTL为应用最为广泛的数字电路。下面3种敏感度标准可以用于确定不同程度的干扰。

（1）制造厂确保的规范极限。当TTL电路低电平输出高于0.4V,或高电平输出低于 2.4V 时,定为干扰。它有可能引起器件工作不正常。

（2）噪声容限的外边界。当 TTL 低电平输出大于 0.8V,或高电平输出小于 2.0V 时,将会使逻辑状态错判,引起误码。

（3）最严重的干扰影响。当 TTL 低电平输出大于 2.0V 或高电平输出小于 0.8V 时,引起翻转,造成输出误差。

其敏感度电平见表 8-6 和图 8-11。被测器件有 74 系列:7400(四二输出与非门)、7402(四二输入或非门)、7404(六非门)、7405(六非门、集电极开路)、7408(四二输入与门)、7432(四二输入或门)、7450(可扩展双二、二输入与或非门)、7473(双 JK 触发器)、7479(双 D 型触发器)。

表 8-6   TTL 敏感电平

敏感电平/mW 　　频率/MHz 敏感标准	220	910	3000	5600
A	0.32	1.5	2.0	8.0
B	0.45	8	80	—
C	25	40	—	—

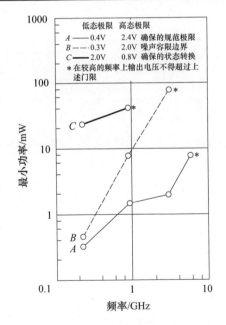

图 8-11   TTL 敏感电平

实测证明,TTL 系列(54/74)低功率(54L/74L)和高速(54H/74H)TTL 电路之间的敏感度差别不是很明显。

143

8.3.2.2 CMOS 器件

CMOS 器件和 TTL 器件一样也有以下 3 种标准。

（1）电源电压为 5V，低电平输出最大为 0.05V，高电平输出最小为 4.95V；超过上述门限值连续工作，就减小了噪声容限。

（2）噪声容限边界为 1V，低电平输出电压最大为 1.05V，高电平输出最小为 3.95V；超过最大值或最小值，就可能产生逻辑状态误差。

（3）偏离理想输出 2V，对低电平输出最大为 2V，高电平输出最小为 3V，若器件工作在此范围以外，则逻辑误差概率更大。

被测的 CMOS 器件有 4011A（四二输入端与非门）、4011B（四二输入端与非门）、4007A（双互补对加反相器）、4007B（双互补加同相器）、4001A（四二输入端或非门）、4013A（双主－从 D 型触发器）。敏感电平值见表 8－7 和图 8－12。

表 8－7　CMOS 敏感电平

敏感电平 /mW　频率 /MHz　敏感标准	220	910	3000	5600
A	1	7.8	22	1200
B	15	200	400	
C	40	300	1200	

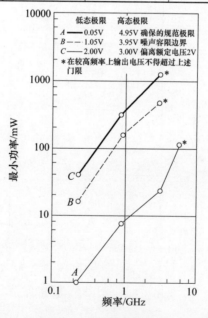

图 8－12　CMOS 敏感电平

144

由表 8 - 7 和图 8 - 12 可以看出,CMOS 器件的敏感度要比 TTL 器件小,即从抗扰度来看 CMOS 器件要比 TTL 器件好。

8.3.3　线驱动器与接收器

线驱动器与接收器一般成对使用,主要用于传输数字数据给系统连接电缆,这种电缆通常比较长。根据输出端电压偏离额定值的大小可以确定线驱动器是否敏感。其敏感度是根据输入端门限电压变化来确定的,该电压决定了接收器的转换点。例如,9615 型接收器,当输入电压低于 - 0.08V 时,接收器输出电压为 5.0V,即高态输出。当输入端电压大于 - 0.08V 时,输出为 0.2V,为低态输出。故 - 0.08V 就是输入端的门限电压,如图 8 - 13 所示。但制造厂的规范保证这些器件门限范围在 - 0.5 ~ 0.5V 之间。门限电压超出这个范围就减少了器件的噪声容限,并可能在该环境中产生误码。用 0.5V、1.0V、2.0V 和 5.0V 的输入门限电压的变化作为试验时的敏感度标准,其中前 3 组电压的门限变化量代表系统噪声容限的降低,而门限变化 5V,则表示噪声容限为 0,并表示器件可能出故障。被测的线驱动器有 8830、9614、55109、55110;线接收器有 8820、9615、55107A,其敏感电平见表 8 - 8 和图 8 - 14。

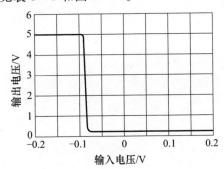

图 8 - 13　9615 型线接收器输入输出特性

表 8 - 8　线驱动器和接收器敏感电平

敏感电平 /mW　　　频率 /MHz　　　　　　　　　　　　　　　　输入门限电压/V	220	910	3000
0.5	1	24	24
1.0	4.5	40	40
2.0	4.5	68	68
5.0	4.5	68	68

说明:① 线接收器比线驱动器敏感 7dB,由于它们是成对使用,所以敏感点

145

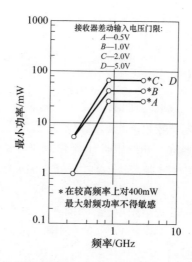

图 8 - 14　线驱动器和接收器综合的最坏情况敏感度

应以线接收器为主;② 测试证明,减少数据传输率可以提高抗干扰性。

8.3.4　双极型晶体管与二极管

双极型晶体管的干扰敏感电平与电路配置、工作状态、管子结构、器件速度(增益与带宽乘积来表征)以及干扰信号的频率等因素有关。

其敏感电平可以按以下步骤得到。

(1) 先确定静态工作点的直流基极电流 I_{BO}。

(2) 确定工作频率(即干扰频率)下的检波系数,用式(8 - 5)表示,即

$$\eta_o = \eta_t \frac{f_t}{f_o} \qquad (8 - 5)$$

式中:η_o 为工作频率的检波系数(A/W);η_t 为测试频率时的检波系数(A/W);f_t 为测试频率(Hz);f_o 为工作频率(Hz)。

(3) 规定 $S/N = 1$ 即信号与噪声比为 0dB 是敏感电平。

(4) 敏感电平可以用式(8 - 6)来表示,即

$$P_a = \frac{I_{BO}}{\eta_o} \quad (W) \qquad (8 - 6)$$

例如,已知某一晶体管在 2000MHz 时检波器系数 $\eta_t = 0.004A/W$,试确定一个前置放大器在 20MHz 频率上的敏感电平。

确定无射频激励时基极流过 1μA 电流。其检波系数假设增加 6dB/倍频程,所以 $f_o = 20MHz$ 时的检波系数,根据式(8 - 5)得

$$\eta_a = 0.004\left(\frac{2000}{20}\right) = 0.4(A/W)$$

146

为得到零分贝 S/N 所需的功率,利用式(8-6),有

$$P_a = \frac{I_{BO}}{\eta_o} = \frac{1 \times 10^{-6}}{0.4} = 2.5 \times 10^{-6} = 0.0025 \text{mW}$$

表 8-9 列出部分型号晶体管在 2000MHz 的检波系数 η_t(A/W)测量值 f_T(增益×带宽(MHz))和结构形式。

表 8-9 部分双极型晶体管的 η_t、f_T 和结构

序号	制造厂	器件型号	检波系数 η_t/(A/W)			f_T /MHz	结构
			最小值	平均值	最大值		
1	GE	2N337	0.0217	0.046	0.0817	20	NPN-D
2	T1	2N388	0	0	0	15	N-A
3	T1	2N395	0	0.00025	0.00067	4.5	PNP-A
4	RCA	2N404A	0	0	0	4.0	P-A△
5	T1	2N705	0.0011	0.0034	0.0059	300	P-DME
6	M	2N706	0.0247	0.0369	0.0588	400	N-DME
7	NAT	2N708	0.020	0.050	0.080	480	N-PL
8	F	2N1613	0.005	0.0082	0.0118	60	N-PLA
9	T1	2N1605	0	0	0	14	N-A
10	T1	2N2369A	0.035	0.0431	0.0618	800	N
11	F	2N2894	0.026	0.0301	0.0414	400	P

注:GE—通用电气公司;M—摩托罗拉公司;T1—德克萨斯公司;F—仙童公司;RCA—美国无线电公司;NAT—国立公司。N—NPN;DM—扩散台型;D—扩散型;PL—平面型;A—合金型;P—PNP;E—外延型;△—开关、其他用途

测试表明:

(1)低频锗合金晶体管是最不敏感的器件,其中某些型号如 2N404A 对 2000MHz 信号的响应不能直接测量。

(2)硅平面晶体管表现出的一般倾向是敏感度随 f_T 升高而提高,因此选用管子时希望选择 f_T 较小的管子。

8.3.4.1 微波点接触二极管

对微波二极管在 X 波段(f = 9.375GHz)进行了大量的试验工作,把噪声系数变化大于 10dB 作为二极管的失效准则。通常用统计特性(即失效百分率)来确定敏感电平,最常用的是 50% 的失效率来衡量。敏感电平与干扰的脉冲宽度、脉冲频率与作用时间(即脉冲作用个数)等有关。图 8-15 所示为脉冲宽度不同时 1N23 二极管 50% 失效电平与实用脉冲数的关系。图 8-16 所示为实用脉冲数不同时 1N23 二极管 50% 失效电平所需吸收的功率峰值电平与脉冲宽度

的关系。

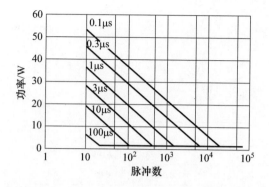

图 8 – 15　脉冲宽度不同时 1N23 二极管 50% 失效电平与实用脉冲数的关系

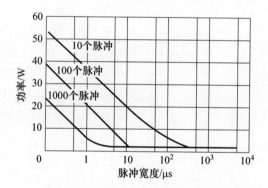

图 8 – 16　实用脉冲数不同时 1N23 二极管 50% 失效电平所需
吸收的功率峰值电平与脉冲宽度的关系

也可以通过经验公式(8 – 7)求出,即

$$P_F = 16.03 \lg \frac{\tau N}{1.94 \times 10^{-3}} \quad (W) \tag{8 – 7}$$

式中:P_F 为 50% 失效功率电平(W);τ 为脉冲宽度(s);N 为脉冲数,$N = ft$,其中 f 为脉冲重复频率(Hz),t 为作用在二极管上的时间(s)。

设某一雷达干扰,干扰脉冲重复频率 $f = 1200\text{Hz}$,脉冲宽度 $\tau = 0.8\mu s$,雷达照射 85ms,求失效 50% 时的功率电平。

$$P_F = 16.03 \lg \frac{\tau N}{1.94 \times 10^{-3}}$$

$$= 16.03 \lg \frac{0.8 \times 10^{-6} \times 1200 \times 85 \times 10^{-3}}{1.94 \times 10^{-3}}$$

$$= -16.03 \times 1.376 = 22(W)$$

148

8.3.5　获得敏感度数据的方法

当电路或器件没有敏感度数据时,可采用以下 3 种方法进行。

(1) 外推法:对同一种通用型号或同一类别器件,当某种器件的敏感度数据已知时,推测未知器件的敏感度,当然这种估计误差偏大。

(2) 模拟法:用管子的等效电路来预测敏感度的方法,尤其对不能实际测试的器件和电路,这种方法估计是较准确的。

(3) 实测法:这是最精确的方法,但在许多情况下,付出的代价可能超过得到的好处。

8.4　正确选择和使用元器件

本章一开始就提到,正确选择和使用元器件对电磁干扰和抗扰度很重要。本节从电磁兼容观点出发,提供选择元器件的一些准则,然后简单介绍元器件的使用。

8.4.1　元器件选择的准则

(1) 应根据元器件使用手册确定元器件的频率应用范围。选用晶体管时,为了提高放大量,应选择特征频率 f_T 高的管子。但从电磁兼容的观点出发,并不是 f_T 越高越好。因 f_T 过高管子容易产生寄生振荡。

(2) 应注意元器件所能承受的功率,其中包括耐压、额定电流和耗散功率。如电容器在温度和电压应力的共同作用下会使电介质击穿,使电容器内部产生尖峰信号形成干扰;又如电解电容器,电压浪涌大于工作电压时会使电容器产生闪烁噪声等。通常选择元器件时都应该考虑足够的余量。

(3) 应选择产生电磁干扰小、敏感度电平高的元器件。

(4) 工作频率应尽可能避开和远离元器件的自谐振频率。

8.4.2　元器件的正确使用

(1) 应按照元器件说明书进行安装、焊接。

(2) 所有元器件都应降额使用。

(3) 对场效应管、集成电路应注意静电的影响。

(4) 所有元器件必须使引线尽可能短。

(5) 必须注意元器件在电路的安装位置。

例如,去耦电容器应紧接在模拟开关输入端才能取得较好的去耦效果,如图 8 - 17 所示。

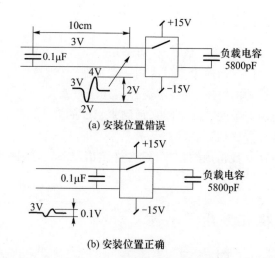

(a) 安装位置错误

(b) 安装位置正确

图 8 - 17　去耦电容的安装位置

$0.1\mu F$ 电容器接在离模拟开关 10cm 处,模拟开关输入端有 2V 干扰(图 8 - 17(a));若 $0.1\mu F$ 电容器接在模拟开关输入端,则干扰只有 0.1V(图 8 - 17(b)),即有 26dB 的好处。

8.5　导线的特性与分类

本节所讨论的导线特性主要是指一般导线、印制电路板和电缆线的集总参数特性和分布参数特性,该特性对讨论传导干扰和辐射干扰是十分有意义的。

导线分类是本节要介绍的第二个内容,应了解导线分类方法,认识到应以分类为依据进行布线设计。

8.5.1　导线的集总参数特性

从电磁兼容观点来看,一段导线是具有一定阻抗特性的,尤其是随着频率的升高,这种特性表现得越来越明显。如作为地回路的导线或电源线,表现在电路上为各回路的公共阻抗,从而产生电路之间的干扰。

8.5.1.1　导线的电阻特性

1)导线的直流电阻

(1)对一般导体而言,直流电阻为

$$R_{dc} = \frac{\rho l}{A} \quad (\Omega) \tag{8-8}$$

式中:ρ 为导线的电阻率$(\Omega \cdot m)$;A 为导线的横截面积(m^2);l 为导线的长度(m)。

（2）对导线而言,其直流电阻为

$$R_{dc} = \frac{\rho l}{\pi r^2} \qquad (8-9)$$

式中:r 为导线的半径(m);其余同式(8-8)。

（3）印制电路板铜箔线的直流电阻为

$$R_{dc} = \frac{\rho l}{wt} \qquad (8-10)$$

式中:w 为印制电路板铜箔的宽度(m);t 为印制电路板铜箔的厚度(m)。

2）导线的交流电阻

随着频率的提高,导线有趋肤效应,交流阻抗将提高,导线的交流电阻可以用式(8-11)求出,即

$$R_{ac} = (0.244d\sqrt{f} + 0.26)R_{dc} \quad (\Omega) \qquad (8-11)$$

式中:d 为导线的直径(cm);f 为工作频率(Hz)。

8.5.1.2 导线的电感

（1）直导线的电感为

$$L = 2l\left(2.3\lg\frac{4l}{d} - 0.75\right) \times 10^{-9} \quad (H) \qquad (8-12)$$

式中:l 为导线长度(m);d 为导线直径(m)。

（2）印制电路板铜箔线的电感为

$$L \approx 2l\left(2.3\lg\frac{2l}{w} + 0.5\right) \times 10^{-9} \quad (H) \qquad (8-13)$$

式中:l 为铜箔长度(m);w 为铜箔宽度。

（3）同轴电缆单位长度电感为

$$\frac{L}{l} = \frac{\mu}{2\pi}\left(2.3\lg\frac{b}{a} + 0.25\right) \quad (H/m) \qquad (8-14)$$

式中:a、b 分别为同轴线内外导体的半径(m);μ 为导体间介质的磁导率。

（4）平引双导线单位长度的电感为

$$\frac{L}{l} = \frac{\mu}{\pi}\left(2.3\lg\frac{2D}{a} + 0.25\right) \quad (H/m) \qquad (8-15)$$

式中:D 为两条线的间距(m);μ 为周围介质的磁导率。

设导线长度 $l = 1m$,直径 $d = 1mm$,传输 100MHz 的信号,电流为 1.5mA。分别计算其交流电阻 R_{ac} 和感抗以及在电阻和感抗上的电压降。

首先计算直流电阻,由式(8-10)有

$$R_{dc} = \frac{\rho l}{\pi r^2} = \frac{1.75 \times 10^{-8} \times 1}{3.14 \times (0.5)^2 \times 10^{-6}} \approx 23(m\Omega)$$

计算 100MHz 时的交流电阻 R_{ac}，利用式（8-11），有

$$R_{ac} = (0.244d\sqrt{f} + 0.26)R_{dc}$$
$$= (0.244 \times 10^{-3} \sqrt{100 \times 10^6} + 0.26) \times 23$$
$$= 62.1(m\Omega)$$

计算导线的电感，利用式（8-12），有

$$L = 2l\left(2.3\lg\frac{4l}{d} - 0.75\right) \times 10^{-9}$$
$$= 2\left(2.3\lg\frac{4}{10^{-3}} - 0.75\right) \times 10^{-9}$$
$$\approx 15.1 \times 10^{-3}(\mu H)$$

导线的感抗为

$$\omega L = 6.28 \times 100 \times 10^6 \times 15.1 \times 10^{-9} = 9482.8m\Omega \approx 9.5\Omega$$

交流电阻上的电压为

$$U_R = IR_{ac} = 1.5 \times 10^{-3} \times 62.1 \times 10^{-3} \approx 0.1(mV)$$

电感上的电压为

$$U_L = I\omega L = 1.5 \times 10^{-3} \times 9.5 \approx 14.3(mV)$$

由上面例子可以得到以下重要结论。

（1）在高频时：$R_{ac} > R_{dc}$，即交流电阻大于直流电阻，当工作在交流时应关注交流电阻。

（2）感抗远远大于交流电阻，即 $\omega L \gg R_{ac}$。

（3）导线的总阻抗 $Z = \sqrt{R_{ac}^2 + (\omega L)^2}$。

（4）导线的电感上的电压远远大于电阻上的电压，上述例子要大 143 倍。

8.5.2　导线的分布参数特性

当导线长度与工作波长可以比拟时，导线呈现出分布参数特性，它与集总参数的区别在于以下方面。

（1）导线的电阻、电容、电感以及导线与导线之间的电导和电容都应作为沿线的分布参数。

（2）具有分布参数电路中的电压和电流在导线上传输，既和时间有关，也和导线长度有关。

（3）导线上的电压、电流传输情况与终端阻抗紧密相关。当终端阻抗为无

152

穷大时(开路状态),则该导线具有辐射天线作用。

图 8 – 18 所示为导线(传输线)线元 Δl 的等效电路。u_S 为要传输的信号源,R_S 为源内阻,Z_L 为导线的终端阻抗。

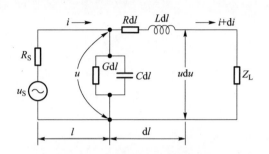

图 8 – 18   导线线元的等效电路

对于分布参数电路,线上任一无限小线元 dl 上都分布有电阻 Rdl、电感 Ldl 及线间分布电导 Gdl 和电容 Cdl。其中 R、L、G 和 C 分别为线上单位长度的分布电阻、电感、电导和电容,其数值与传输线的形状、尺寸、导线材料及周围填充的介质参数等有关。

由图 8 – 18 可以看出,距传输线始端 l 处的电压和电流分别为 $u(l)$ 和 $i(l)$;$l + dl$ 处的电压和电流分别为 $u(l + dl)$ 和 $i(l + dl)$,由于 $dl \ll \lambda$,所以可将线元 dl 看成集总参数电路,可以应用基尔霍夫(Kirchhoff)定律导出均匀传输线方程,即

$$\frac{d\dot{U}(l)}{dl} = Z\dot{I}(l) \quad (Z = R + j\omega L) \tag{8 – 16}$$

$$\frac{d\dot{I}(l)}{dl} = Y\dot{U}(l) \quad (Y = G + j\omega C) \tag{8 – 17}$$

对于无损耗传输线,可以忽略 R 和 G 的影响,则式(8 – 16)和式(8 – 17)变成

$$\frac{d\dot{U}(l)}{dl} = -j\omega L\dot{I}(l) \tag{8 – 18}$$

$$\frac{d\dot{I}(l)}{dl} = -j\omega L\dot{U}(l) \tag{8 – 19}$$

式(8 – 18)、式(8 – 19)为均匀无损耗传输线方程。

求解微分方程,可以求出线上任意一点的电压和电流,用三角函数表示为

$$\dot{U}(l) = \dot{U}_0\cos\beta l - jZ_0\dot{I}_0\sin\beta l \tag{8 – 20}$$

$$\dot{I}(l) = \dot{I}_0\cos\beta l - j\frac{\dot{U}_0}{Z_0}\sin\beta l \tag{8 – 21}$$

153

式中: $\dot{U}_0 = \dot{U}_{(0)}$, $\dot{I}_0 = \dot{I}_{(0)}$ 分别为始端 $Z = 0$ 处的电压、电流。

相移常数为

$$\beta = \omega \sqrt{LC}$$

无损耗线的特性阻抗为

$$Z_0 = \sqrt{\frac{L}{C}}$$

由式(8-20)、式(8-21)可以求出任一点的等效阻抗,即

$$Z(l) = Z_0 \frac{Z_1 - \mathrm{j}Z_0 \tan\beta l}{Z_0 - \mathrm{j}Z_1 \tan\beta l} \qquad (8-22)$$

式中: Z_1 为传输线始端的输入阻抗。

8.5.3 导线、电缆的分类

为了减少电磁干扰的耦合,一些规范都试图以定性的方式作为设计指南将导线和电缆进行分类。这种分类可以把线缆编排成可兼容的组,使系统布线时保证敏感电路和干扰电路之间充分隔离。下面介绍两种常用的分类方法。

8.5.3.1 电压、电流容量和频率分类

如表8-10所列,该分类为美国空军对导线的分类。

表8-10 按电压、电流容量和频率分类(美国空军)

类别	识别(电路类型)	电压、电流或功率	频率
I	直流电源电路	>2A	0
	直流控制电路	<2A	0
II	直流基准电路	<1V	0
	音频敏感电路	<0.2A	
III 或 IV	交流电源电路	>1V	<400Hz
	交流基准电路	>0.2A	<400Hz
	音频源电路	>0.2A	<15kHz
V	射频敏感电路		
VI	电磁干扰源电路	> -75(或 -45)dBm	0.15~5MHz
		> -75dBm	5~25MHz
		> -75(或 -45)dBm	0.025~1GHz
		> -45dBm	>1GHz
VII	天线电路		

图 8-19 所示为各种电缆所用的频率范围,它是选择电缆的一个重要依据。

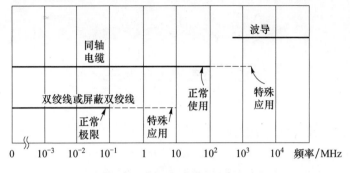

图 8-19 电缆应用频率范围

8.6 双绞线与光缆

在线缆中有两种特殊的类型,即双绞线和光缆。这两种线缆之所以在电磁兼容中占有一定的位置,在于它们既能抗住外界的电磁干扰,又不会把线中传输的信号辐射到周围,此外,还具有其他一些特点。

8.6.1 双绞线

双绞线属于电缆的一种,具有屏蔽作用。它有不带屏蔽外套和带屏蔽外套之分。该类电缆非常适用于频率低于 100kHz 的屏蔽,有时也可高达 10MHz,但实际上高于 1MHz 时损耗已增大。

8.6.1.1 双绞线的屏蔽原理

屏蔽的作用是使外界的干扰进不去,内部的信号出不来,双绞线正好具有这一特性。双绞线信号不泄漏的原理说明见图 8-20。

图 8-20 双绞线信号不泄漏原理

信号流动方向如箭头所示,利用右手定则,其产生的磁场在双绞线的中心形成进去⊗和出来⊙的闭合磁场,从而不对外界构成影响。这样内部信号就泄漏不出来了。

外界干扰不能进入双绞线的原理见图 8-21,外界干扰磁场进入双绞线中心如图中⊗,则在双绞线上感应的电流 I 方向正好相反,如箭头所示,导线上无

155

感应噪声电流。

另外,由于双绞线紧绕,双绞线之间的围绕面积小,穿过的磁力线少,所以感应也小。

图 8 - 21　双绞线外界干扰不能进入原理

8.6.1.2　双绞线应用特点

(1)双绞线对辐射干扰,辐射敏感度起作用,而对传导干扰帮助不大。

(2)双绞线的屏蔽性能与每单位长度的绞合数、接地方式、输入输出阻抗等有关。

① 每单位长度绞合越多,屏蔽效能越好。

② 建议采用单端接地屏蔽。

③ 输入输出阻抗最好与双绞线的特性阻抗相匹配。

④ 双绞线线径越粗,特性阻抗越低。

(3)双绞线一般使用在 100kHz 以下,最高可达 10MHz。工作频率与每单位长度绞合数有关,绞合数越多频率越低。

(4)双绞线的使用易受静电感应的影响,若用屏蔽,则双绞线性能就可得到改进。

(5)若多种双绞线同时敷设于公共电缆槽中,则最好是每条双绞线在单位长度上采用不同的绞合数,才能有效地抑制干扰和相互耦合;若绞合数相同,则会增加干扰。

8.6.2　光纤

光纤的基本构成如图 8 - 22 所示,在发送端将电流经过半导体发光器件的 PN 结,产生光信号,其发光强度随流过 PN 结的电流强弱变化而变。若用信号调制通过发光器件的电流,输出光就受到信号的调制;而在接收端是将吸收的光能产生电子,将光转换成电流。

光纤可贵的电磁兼容性能,表现在以下方面。

(1)石英不是电的良导体,它不受环境电磁干扰的影响,也不受地电势差的干扰。

(2)光纤系统不辐射电磁干扰,几乎无信号泄漏和串音,安全可靠,保密性强。

(3)光纤系统不受闪电干扰,很少受到 EMP 的干扰。

156

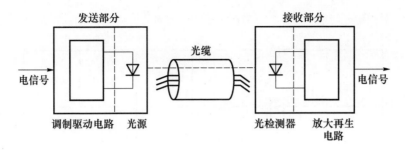

图 8 - 22　光纤通信系统的基本结构

8.7　布线指南

了解了各种线缆的性质后,控制线缆电磁干扰的任务就落实到布线的设计上。本节将介绍印制电路板布线设计和航空武器设备平台的布线要求。

8.7.1　印制电路板布线设计

印制电路板布线设计对电路功能、性能指标、工作环境、使用维修和电磁兼容性能至关重要,下面从电磁兼容角度考虑印制电路板布线应注意的若干问题。

1）总体布局

（1）根据电路的复杂程度确定是否采用多层板。采用多层板带来的好处如下:

① 缩短和减少走线,降低阻抗和减小分布参数,减小噪声电平。

② 减小信号的特性阻抗,减少信号线与终端之间阻抗不匹配引起的反射。

③ 应用总线母板,克服传输时信号产生的时延。

④ 使信号线之间有隔离,避免平行的信号线间的串扰。

（2）印制电路板大小要适中,过大会增加阻抗干扰,过小会增加线间干扰并影响散热。

（3）布局尽可能按电路原理图的走向顺序呈直线状排列,切忌往返交错。

（4）应将电路相互影响减到最小。图 8 - 23 所示为印制电路板布局示意图。

（5）信号回路、电源回路和接地回路布线时应避免形成环路。

2）地线与电源线布线原则

（1）地线和电源线尽可能宽,其优点如下:

① 能承受大电流。

② 减小线的阻抗,减少干扰。

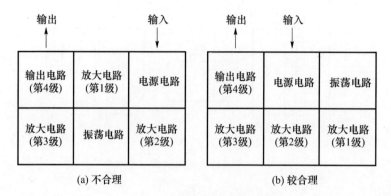

图 8 - 23　印制电路板布局示意图

③ 安全、可靠。

（2）直流电源线可以呈网状或闭合，并应注意去耦。

（3）采用"井"字形接地线。

（4）接地线应符合接地原则。

3）元器件安排和布线

（1）发热元件远离集成电路。

（2）有关逻辑元件相互靠近，并远离易产生干扰的器件。

（3）磁性元件要屏蔽。

（4）每个 IC 芯片的电源端对地端要安装高频去耦电容。

（5）CMOS 芯片不要的端子要处理，将它接地或接电源。

4）减少相互耦合的方法

（1）输入输出尽可能远离。

（2）强、弱信号线应分离。

（3）尽量减小回路面积。

（4）印制电路板铜箔之间的距离不宜太小，否则易引起串扰。

（5）采用隔离走线。

（6）接线尽可能短，有时可用短接线（即飞线），但一块板子不能超过两根。

（7）数字线、逻辑线分开。

（8）采用屏蔽线或屏蔽板进行隔离。

8.7.2　飞机布线指南

1）飞机布线设计要求

表 8 - 11 所列为线缆说明和设计要求。

158

表 8 – 11　线缆说明和设计要求

线缆类别	说　明	各类互连线的最小距离	屏蔽、接地和扭绞要求
I	(1) 除主电源馈线外的 115V/220V、400Hz 单相、三相供电线； (2) 28V 交流或直流电气负载供电线，如交流电动机、加热器、照明系统、同步励磁电路、继电器等	150mm	不屏蔽，应扭绞
II	仪表和电子负载供电线，其中包括电子设备的 28V 交流或直流供电线、28V 直流滤波器输出线，电子仪表负载包括无线电设备、机内通话、自动驾驶仪、防滑系统等	75mm	不屏蔽，应扭绞，对射频敏感的放大器供电应屏蔽
IV	敏感电路包括： (1) 模拟信号电路、音频和视频、灵敏度控制、音量控制等； (2) 同步信号电路和含桥式电路等； (3) 数字电路、解调电路	75mm	应屏蔽、扭绞、音频电路屏蔽层单点接地。射频与脉冲电路屏蔽层多点接地
V	隔离线包括极端敏感或电平很高电路以及收、发高频电缆等，具体有： (1) 所有射频传输线、波导和同轴线； (2) 电引爆装置发火电路； (3) 火警、燃油油量表； (4) 主发电机输出馈线	75mm 但注意： (1) 主发电机输出馈线与其他各类线束最小间距为 300mm； (2) 收、发信机电缆要分别编组，不能一起走线	(1) 同轴电缆屏蔽层在两端接地； (2) 主电流馈线不屏蔽、不扭绞； (3) 电引爆装置互连线应屏蔽、扭绞，电路回线仅在源端接地； (4) 其余酌情处理
VI	分系统互连线：一个分系统的各设备之间的互连线	(1) 不同分系统的 VI 类线不能组合； (2) 主发电机控制和调节线间距 150mm	按 II、IV 处理

2）无人机电缆的布局考虑

无人机机载电线布局的原则除了与飞机上一致外，还应满足以下要求。

（1）为减轻飞机重量，应尽可能不用屏蔽线和屏蔽双绞线，通过分析或试验，若有干扰，可以用导电网进行捆扎。

（2）导线与电缆分类布设，将线缆分为直流、工频、模拟、数字与射频类。

（3）模拟信号线用双绞线不加屏蔽。

（4）数字信号线用屏蔽双绞线，并单端接地。

（5）射频信号用射频电缆线。

（6）交、直流电缆分别捆扎。

（7）利用连接器，多设置备用接地插针和电缆，保证各路电缆的隔离。

（8）电缆走线尽可能短，并注意留有空隙以避免因安装、维修、振动、热效应、电磁环境等引起导线、接点和支架上机械应力的作用等。

（9）每根电缆都应该有标识。

8.7.3　布线程序

由于武器装备平台内的线缆相当多，若采用计算机程序来预测线间耦合引起的干扰，就必须输入所有电缆的特性、安装位置、信号特征、敏感数据与环境数据，工作量很大。下面介绍一种工程上实用的布线方法，将会使工程简化，并能取得较好的效果。

布线程序如图 8 - 24 所示。

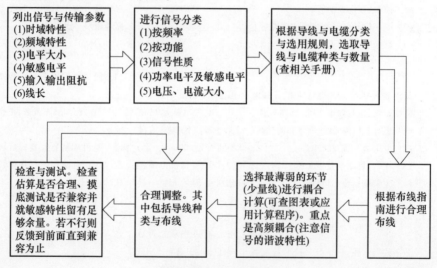

图 8 - 24　布线程序

8.8　连接器

连接器是实现接点快速连接和断开的装置，在将电缆、设备、分系统和系统相互分隔和连接过程中是不可少的。

连接器性能好坏直接影响设备、系统和分系统的电磁兼容特性。连接器中

160

的交调、阻抗失配、接触阻抗、插入损耗和屏蔽效能等参数影响整个系统的电磁兼容性能。如果电子设备屏蔽盒屏蔽效能大于 60dB,屏蔽电缆为 50dB,若连接器外壳仅提供 30dB 屏蔽,显然该系统的屏蔽性能会受到很大的影响。所以,从某种意义上讲,电缆连接器的寿命就是系统的寿命。

8.8.1 高频、低频连接器

高频连接器有多种型号,如射频同轴连接器(SMA、SSMA)、精密毫米波连接器(K)、推入自锁式连接器(SMZ)、螺纹连接小功率连接器(TNC)、卡口式射频同轴连接器(BNC)、小型推入式射频同轴连接器(SMB)、小型螺纹连接式射频同轴连接器(SMC)、大型螺纹同轴连接器(L29)、微型推入式射频同轴连接器(SSMB)和 N 型系列同轴连接器等。

图 8-25 是一些连接器的例子。

低频连接器可以分以下几种。

1) 圆形连接器

(1) 螺纹连接式。

(2) 推入锁紧式。

(3) 卡口连接式。

(4) 直插式。

2) 矩形连接器

(1) CA 系列。

(2) 微矩形。

(3) D 系列。

(4) CD1 系列。

3) 印制电路板连接器

(1) CH 系列。

(2) CY 系列。

(3) CE 系列。

4) 专用及其他类连接器

(1) 板型插头座(B 型)。

(2) 采用电路插座(CJZ2 型)。

(3) 防爆插头座(FB、BFB 型)。

(4) 圆形插头座(CM、QM 型)。

(5) 水下连接器(具有耐深水压力、密封性能好的特点)。

(6) 其他(如终端接线座 1300 系统、短路连接器、排针、表面贴 PLCC 插座、混合电流 DV 系列、IDC 线缆连接器和军民通用连接器)。

(a) SMA射频同轴连接器　　　　　　　　　(b) SSMA/SMA转换器

(c) SMB小型推入式射频同轴连接器

(d) BNC卡口式射频同轴连接器　　　　　　(e) N型系列同轴连接器

图 8 - 25　连接器示例

8.8.2　连接器使用注意事项

8.8.2.1　连接器的串音

连接器中两个相互靠近的插针受电容或电感耦合引起串音,这种串音不可能完全消除,通常可以采取以下措施来提高其隔离度。

(1) 避免将大功率接触脚靠近小信号插脚。

(2) 在干扰和受干扰接触脚之间插入接地插脚。

(3) 提高插脚间的隔离度,通常应不小于60dB。

8.8.2.2　特性阻抗和失配

这项要求不仅对射频同轴电缆连接器,也对高速逻辑印制电路板和扁平电缆连接器提出要求。通常希望电压驻波比(VSWR)不大于 2.0。

双绞线有平衡与不平衡问题,这是由于每一插针线的分布电感、分布电容不均匀引起的。

8.8.2.3　接触阻抗和插入损耗

连接器接触不良会引起以下后果。

(1)插入损耗增大。

(2)引起电弧干扰和发热。

(3)形成公共阻抗耦合干扰。

(4)加快腐蚀和老化,形成非线性结引起二极管效应。

通常要求接触直流电阻在毫欧级,插入损耗在 0.1~0.3dB 范围。

8.8.2.4　连接器屏蔽与滤波

连接器的屏蔽应该看成系统屏蔽的一部分,因为外界干扰会通过连接器进入机壳,而内部高频信号会向外泄漏。

连接器的滤波是为了阻止传导干扰,好的连接器在插座中常有滤波电路。当没有滤波器而传导干扰又较大时,必须在插座机箱内对插座进行滤波处理。

8.8.2.5　连接器的接地

连接器接地的好坏,会直接影响连接器的屏蔽效能和滤波性能。当试图切断地环路干扰时,要使用专门的 BNC、TNC 和 N 型连接器。这种连接器接触件的同轴外壳在安装法兰上对机壳做绝缘处理。这样既提高了信号返回的连续性,又隔离了机架地的电气零电位,切断了低频地环路,但也会同时降低屏蔽效果。

第9章 静电与电磁脉冲的防护

9.1 静电和电磁脉冲防护的必要性

国际电工委员会(IEC)77分会(SC77C)关于高功率瞬态现象规定时,将入射电场超过100V/m的环境称为高功率电磁环境,将峰值功率超过100MW的微波称为高功率微波。学者 C. E. Baum 在 1992 年 IEEE Trans. on EMC 杂志上发表的"From Electromagnetic Pulse to High Power Electromagnetics"综合性文章中,提出高功率电磁学(HPEM)。将高空核爆炸电磁脉冲(HEMP)、地面核爆炸电磁脉冲、直击雷、高功率微波(High Power Microwave,HPM)等按高功率电磁环境来研究。

为了对高功率微波、超宽带(Ultra Wide Band,UWB,频带宽度达 $10^8 \sim 10^{12}$ Hz)、高空核爆炸电磁脉冲有一个概括的认识,将其主要参数归纳成表 9-1。

表 9-1　HPM、UWB 和 HEMP 主要参数

参数类别		HPM	UWB	HEMP
天线处峰值功率		100MW ~ 20GW	几吉瓦至20GW	5000TW
脉冲半峰宽		<10ns(或 1μs)	<10ns	20ns
上升时间 (10% ~90%)		10 ~ 20ns	<1ns	1 ~ 5ns
脉冲源输出能量		100J ~ 20kJ	5 ~ 500J	10^6 GJ
重复频率		单个短脉冲或 10 ~ 250Hz	单个短脉冲或 几赫至几十赫	单个脉冲
照射面积		<1km²	<10km²	5×10^6 km²
作用距离		几十千米	<100m	—
辐射方法		天线	天线或规则爆炸	核爆炸
覆盖频带		500MHz ~ 10GHz	100MHz ~ 50GHz	0 ~ 200MHz
不同距离处的 峰值电场	-100m	20 ~ 300kV/m	—	50kV/m
	-1km	2 ~ 30kV/m	4 ~ 20kV/m	—

由表 9-1 中参数的数据可知。

（1）高空核爆炸电磁脉冲的威力相对较大，表9-1中所列特性与美国军用标准（MIL-STD-461E）一致，与以前标准相比，上升时间短了、脉冲窄了，而峰值功率却高出几个量级。

（2）HPM和UWB都是作为高功率微波武器发展起来的。UWB是一种专门采用超宽带和短脉冲技术的高功率微波武器。它是利用超快电路直接激励的方法产生纳秒级超短脉冲，且频谱更宽，而脉冲源输出的能量相对低一些。当入射波的波长与系统的特征尺寸相近时将产生共振现象，从而对电子器件产生破坏效应，造成干扰、翻转、闭锁甚至烧毁，使其功能下降以至失效。

定义孔缝的特征频率为

$$f_c = \frac{c}{l} \tag{9-1}$$

式中：f_c 为特征频率（Hz）；c 为光速（m/s）；l 为孔缝的周长（m）。

当入射波频率 $f = f_c$ 时，即发生共振。此时金属腔体内的微波功率密度与入射功率密度处于同一量级。而缝隙中的耦合电场将比入射微波电场增加若干倍。这正是UWB微波功率武器的厉害之处。

电子系统的损伤与HPM的功率密度有关。其损伤模式包括热二次击穿、瞬时热效应引起金属化失效、电压击穿和复杂波形引起的其他失效。表9-2表示HPM在不同功率密度时电子系统损坏的情形，显然应根据不同的效应采取相应的防护和加固措施。

表9-2 不同功率密度HPM对电子系统的破坏

HPM功率密度	破 坏 情 形
$0.01 \sim 1mW/cm^2$	对雷达、通信设备产生强干扰，不能正常工作
$0.01 \sim 1W/cm^2$	使通信、雷达、导航等微电子设备失效或烧毁
$10 \sim 100W/cm^2$	壳体产生瞬态电磁场，并进入壳体内部电路，产生感应电压，出现功能紊乱、误码、逻辑混乱甚至永久失效
$10^3 \sim 10^4 W/cm^2$	强电场作用，引起非线性效应，产生微观力学效应或非常吸收，可在短时间内毁坏目标

微电子化的各种电子、电气设备的损伤还和EMP的上升沿密切相关。

在美国海军航空试验中心（NATC）的TES（TACAMO EMP Simulator）和核防御局（DNA）的ARES（Advanced Research EMP Simulator）上，对北方电信公司（NIT）生产的FD-565光纤数字传输系统进行试验，其结果表明，上升时间为1~2ns的脉冲场比上升时间为5ns的峰值幅度高出两倍以上，其脉冲场所造成的损伤更为严重，具体表现在比特误差增加了3~4倍、同步信号丢失，图像信号成帧丢失，发生饱和阻塞现象，其阻塞时间持续20~30s，大大超过了脉冲宽度100ns。

从以上分析可知,电磁脉冲的防护非常重要。

电磁脉冲的影响是严重的,静电的影响也不容小觑,因为静电引起的电磁兼容问题更为常见。静电的危害可以归纳为以下几方面。

（1）静电会引起爆炸和火灾。

（2）静电电击。

（3）影响生产,影响产品质量,降低元器件的可靠性。

由此可知,静电防护也是非常必要的。下面首先对静电防护的相关知识进行介绍。

9.2 静电安全管理

静电安全管理属于电气安全管理的范畴,是一项综合性的工作。它有工程技术的一面,也有组织管理的一面。静电安全管理是电磁兼容防护工作不可缺少的组成部分。

9.2.1 静电管理的内容

静电管理的内容有人员培训和安全教育、静电安全测量和制定静电相关标准、规范及规章制度。

各类人员防静电培训和考核内容见表9-3。

表9-3 各类人员防静电培训和考核内容

培训人员 ＼ 培训内容	静电原理和危害	静电防护方法	防静电器材性能	产品防静电设计	防静电工程设计	地线基本知识	有关防静电规定①	防静电包装和运输
设计人员	Y	Y		Y	Y		Y	Y
管理人员	Y	Y					Y	
采购和保管人员		Y	Y				Y	Y
生产线工作人员	Y	Y	Y				Y	Y
检验人员	Y	Y					Y	
维修人员	Y		Y			Y	Y	
其他人员	Y						Y	
① 应根据各类工种分别制订。内容应有操作规程及该配备的防静电设施,"Y"表示应培训的内容								

9.2.2 静电管理指标

静电管理指标应包括导体带电、人体带电和非导体带电管理指标。

1）导体带电管理指标

在有爆炸危险的场所,对于同其他物体摩擦可能产生静电的导体,或同其他带电体接触感应带电的导体以及对于可能吸附带电粒子而带电的导体,若泄漏电阻在 $10^6\Omega$ 以上,均应视为有静电危险的导体,当泄漏电阻超过 $10^{10}\Omega$ 时,将带有大量的静电。当静电电容不超过 100pF 时,在时间常数超过 0.01s 时也应视为有静电危险的导体,导体接地电阻一般不应超过 1000Ω。

2）人体带电管理指标

因人体是导体,其带电管理指标与导体大致相同。考虑到防止电击的要求,人体泄漏电阻最好保持在 $10^5\Omega$ 以上,一般情况下保持在 $10^8\Omega$ 以下。但在有易燃物如氢、乙炔、二氧化硫的场合以及组装半导体元件的场合,人体泄漏电阻不超过 $10^7\Omega$。

人体静电电位一般不宜超过 100V,在有些场合不宜超过 10V。

3）非导体带电管理指标

就带电量而言,为了防止爆炸和火灾,非导体带电量不能超过表 9-4 所列数值。

表 9-4　非导体带电量指标

最小引燃能量/mJ	静电电位/kV	面电荷密度/($\mu C/m^2$)
<0.1	<1	<1
0.1~1	<5	<3
1~10	<10	<7
>10	<10	<10

根据经验资料,对非导体而言,体积电阻率在 $10^8\Omega\cdot m$ 以上、表面电阻率在 $10^{10}\Omega$ 以上的固体、电导率在 $10^{-8}S/m$ 以下的液体和粉体应视为有静电危险的物体。

9.2.3　静电常规检测

1）带电危险的检测

主要通过观察静电现象,如有无灰尘被吸附在物体上;在光线较暗的地方有无晕光发生;柔性纤维物接近时是否自动取向和颤动;人体接近时毛发是否被吸引起来;操作人员是否有连续针刺感和电击感等。

2）放电危险检查

观察有无放电发光、发声现象;物体表面有无放电痕迹;集成元件是否损坏;胶片有无感光等。检查监测仪是否报警、静电中和器消电电流是否过大等。

9.3 静电防护机理与技术

静电的防护是一个系统工程。本节将介绍静电的防护机理、技术与设备。

9.3.1 静电防护机理

根据静电产生的机理控制静电的产生,可以从源头上进行静电的防护。

静电放电可以将积累的静电通过低电阻回路释放掉。静电放电耦合到电子线路中有3种方式,即直接传导、电容耦合和电感耦合。可以用接地和搭接的方式使静电旁路;用屏蔽的方式阻止由放电产生的电场进入电路;用保护电路阻止由放电产生的磁场进入电路等措施防止静电引起的危害。

静电可将介质击穿引起静电火花,使易爆混合物引起火灾,可以采取措施控制爆炸性混合物的生成,以防止静电引起的危害。

根据上述机理的防静电技术措施、防静电材料和防静电设备,再加上安全管理就可以将静电造成的危害降至最小。

9.3.2 防护技术

9.3.2.1 工艺控制

工艺控制是限制和避免静电的产生和积累,消除静电危害的主要方法。

1)材料的选用

利用材料静电序列的不同,可以人为地使生产物料与不同材料制成的设备发生摩擦,并且使与一种材料制成的设备摩擦时的物料带正电,而使与另一种材料制成的设备摩擦时的物料带负电,以使得物料上的静电相互抵消。

在材料选择上还选用导电性较好的材料,来防止静电的产生和积累,导电性能可以用电阻率 $\rho(\Omega \cdot cm)$ 来表示。导静电物体的电阻率与一般导体的电阻率有很大的差别,见表9-5。

表9-5 物体导静电能力分类

种类	电阻率 $\rho/(\Omega \cdot cm)$
静电导体	$\leqslant 1 \times 10^{6}$
静电亚导体	$1 \times 10^{6} < \rho \leqslant 1 \times 10^{10}$
静电非导体	$> 1 \times 10^{10}$

2)限制摩擦速度或流速

降低摩擦速度或流速等工作参数可防止静电的产生。表9-2所列为烃类燃油在不同情况下加油时的流速限制。

表 9 − 6　烃类燃油不同状态下的流速与管径关系

序号	状态	流速与管径关系	说　明
1	燃油在管道内流动	$v^2 D \leqslant 0.64$	（1）v 为流速（m/s）；D 为油管直径（m）。
2	铁路槽车装油	$vD \leqslant 0.8$	（2）允许流速与液体电阻率有关： 当 $\rho < 10^5 \Omega \cdot m$，$v$ 应小于 10m/s；
3	汽车槽车装油	$vD \leqslant 0.5$	当 ρ 为 $10^5 \sim 10^9 \Omega \cdot m$，$v$ 应小于 5m/s

3）增强静电消散过程

这是静电防护的另一种工艺。利用电荷守恒定律,设法增强静电消散过程。对于液体在管道内的输送过程,管道是产生静电的区域,容器是静电消散的区域。增大消散容器,消除静电的效果很明显。

9.3.2.2　增湿和加抗静电剂

1）增湿

增加湿度防止静电危害的机理在于以下几点。

（1）增湿增加静电沿绝缘体表面的泄漏（因为表面形成薄薄的水膜,厚度为 10 − 2mm,有较好的导电性）,而不是增加通过空气的泄漏。

（2）增湿能提高爆炸性混合物的最小引燃能量,有利于安全。

2）抗静电剂

抗静电剂也叫抗静电添加剂,它是一种化学药剂,具有较好的导电性和较强的吸湿性。使用抗静电剂通常能将电阻率降低至 10^6（或 10^7）$\Omega \cdot m$ 以下。

抗静电剂种类很多,有无机盐类（如硝酸钾、氯化钾）、表面活性剂类（聚乙二醇、多元醇）、无机半导体类（亚铜、铝的卤化物、导电炭黑）、电解质高分子聚合物类和有机半导体高分子聚合物类等。

9.3.2.3　接地与屏蔽

接地和屏蔽是消除静电危害最常见的办法。前者主要用于消除导体上的静电;后者主要是减小带电体静电电位、减小放电面积、限制放电能量以及防止静电感应的作用。

1）接地

（1）凡是能产生静电的管道和设备都应接地。

（2）不仅产生静电的金属部分应接地,其他不相连但相邻的金属部分也应接地。

（3）绝缘体表面加导电性覆盖层,以泄漏静电荷,避免过高的电荷密度。

（4）绝缘体宜通过 $10^6 \Omega$ 或稍大一些的电阻接地。

（5）采用导电性地面,能导走设备上的静电,也可导走聚积在人体上的静电。例如:人在普通橡胶板上行走时,人体静电电压可达 7500V;而当人在导电橡胶板上行走三步后,静电电压降低到 100V 以下。

2) 屏蔽

对带电体而言,可以整体屏蔽,也可局部屏蔽。可采用板状屏蔽体,也可采用网状屏蔽体。

9.3.3 防静电器材与设备

9.3.3.1 防静电器材

防静电器材有接地地线,防静电桌垫、地垫和地板,防静电工作服、鞋、袜、腕带,防静电椅子,防静电门帘,防静电电烙铁、焊料盒、吸锡器,防静电包装袋、包装盒等转运、储存器材,防静电涂料等。

还有瞬态抑制器,它可以根据脉冲宽度和形状,使进入电路的能量和电压降到足够低的程度,以避免损坏元件,如压敏电阻、硅电压限幅器、RC 网络和硒堆等。

9.3.3.2 防静电设备与测量仪器

1) 防静电设备

防静电设备是指静电中和器,也称静电消除器、消电器、离子平衡器或电离器。它是通过使空气分子电离形成正离子和负离子来耗散静电荷。显然,正离子被吸引到带负电的物体上,负离子被吸引到带正电的物体上,使电离中和。它是使静电消失的主要途径之一。

静电中和器主要用来消除非导体上的静电。

2) 测试仪器

为了掌握静电起电规律,了解生产过程中静电起电的情况,判别生产过程中静电的危险性以及检验静电安全措施的效能,都需要测量静电参数。其中有静电特征参数(包含静电电压、静电电量、静电电荷密度、静电电流、静电放电量等)和静电物理参数(包含泄漏时间常数、电阻、电阻率和电导率、电容、介电常数等)。测试仪器有:

(1) 静电电位计。它既能用来检查工作人员的防静电状态,又能间接检查防静电器材的防静电性能。此类仪器分为接触式仪表、感应式仪表和集电式仪表等。

(2) 人体泄漏电阻检测仪。它是检测人体对地的绝缘电阻值是否符合防静电要求。

(3) 体电阻、体电阻率、表面电阻率测试仪器。

9.4 静电防护技术的应用

前节介绍了静电防护的机理及相关防护技术,本节将介绍这些技术在电子

170

元器件、飞行器和燃油的静电防护上的应用。

9.4.1　电子元器件的静电防护

首先,在设计元器件时,应提高电子元器件的固有抗静电能力。例如,MOS 电路器件,在输入端增加一个串联电阻,以减小静电放电电流;增加一个并联二极管以泄放静电流等。同时还能将栅极氧化物两端电压降到介质击穿电压以下。由于这样做会增加芯片面积和影响器件的速度等,因此设计时应统筹考虑。

其次,使用电子元器件时应采取下列防静电措施。

(1)尽快释放已产生的静电荷。

① 在实验室或工作场所使用加湿器增湿。

② 采用导静电物体释放静电。

③ 应用防静电器材,将已产生的静电尽快传导释放至大地。

(2)采用静电中和器减少静电。

(3)采用静电屏蔽容器放置电子元器件。

另外,在电装工序部门也要采取相应的防静电措施,对环境、人员、操作、工具等都要提出要求。

1)对环境的要求

(1)门口设置防静电警告标志。

(2)工作区内应湿度尽量控制在 50% ~70% 之间。

(3)工作区内的墙、天花板不得用表面电阻率很高($\rho \geqslant 10^9 \Omega \cdot cm$)的材料装修。如需要,可喷涂一层防静电涂料。

(4)工作区内地板、桌面应铺设防静电垫子,并妥善接地。

(5)工作区内用的图纸、资料等应装入防静电塑料袋中,禁止使用普通塑料袋。

(6)工作区内的生产过程中,禁止推拉窗帘(除非采用防静电窗帘)。

(7)工作区内应避免产生瞬时高电压。附近应无大功率辐射电磁场。

2)对人员的要求

(1)进入工作区的人员要释放掉自身的静电(进入静电安全区之前必须先接触接地的放电柱)。

(2)穿好防静电鞋后,应站在人体测试仪上,检查人体防静电状态。

(3)工作区的工作人员必须使用防静电衣服、鞋子、帽子、手套、指套(需要时)。

(4)工作前穿好防静电工作服等,应模拟工作状态,用人体防静电测试仪检测人体泄漏电阻值是否合格。

3）操作要求

（1）在整个插、装、焊接过程中应将印制电路板、静电敏感器件放在防静电容器中传递。

（2）操作人员应尽量避免直接接触器件的引脚。如果必须接触，应先将身体和工具与地物碰触，以释放静电荷。

（3）手工焊接时不得使用化纤毛刷。

4）工具与工作台要求

（1）使用的电烙铁、吸锡器等必须采用防静电类型。

（2）工作区内凳子、仪器设备、人体都必须接地。防静电桌面上不得再加铺塑料板、塑料布、橡皮垫等。

5）其他

工作区内需要进行某种维护、修理时，维护人员应使用防静电维修包，并遵守安全区有关规定，正确佩戴防静电腕带。

9.4.2 飞行器的静电防护

飞行器在空中飞行时，与大气云团摩擦，与尘埃或其他粒子（雨、雪、冰雹）撞击，会在飞机表面产生静电荷，即沉积静电。另外，带电云团对飞机的感应也会使飞机带电。飞机所带的总电荷电流与飞机穿过不同云团所带的电荷密度、飞机的迎风面积和飞机的速度有关，可以从下面的公式估算出来，即

$$I_t = I_c S_a \frac{v}{324} \qquad (9-1)$$

式中：I_t 为飞机总电荷电流（μA）；S_a 为飞机的迎风面积（m²）；v 为飞机的速度（km/h）；I_c 为与天气情况有关的电荷电流密度（μA/m²），对卷云 $I_c = 50 \sim 100 \mu A/m^2$；对平坦堆积云 $I_c = 100 \sim 200 \mu A/m^2$，对雪 $I_c = 300 \mu A/m^2$，在少数情况下 I_c 可高达 $400 \mu A/m^2$。

除上述情况外，燃油在油箱中晃动及导管中流动、液压油和冷气在导管中流动、维修人员与飞机结构（特别是非金属结构）接触都会产生静电荷。

飞行器对静电的防护措施有以下几方面。

9.4.2.1 飞行器上静电放电器的安装

1）放电器类型的选择

放电器分两种：一种是无源放电器；另一种为有源放电器。前者靠气流来吹掉飞机上的电荷；后者采用电路来消除飞行器上的静电，如应用热离子发射的原理把超额的电子"蒸发"掉。图9-1和图9-2所示为两种典型的无源放电器，后者可以代替前者。

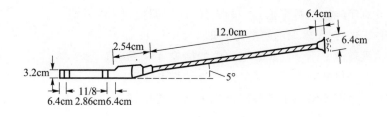

图 9 - 1　航空通用放电器

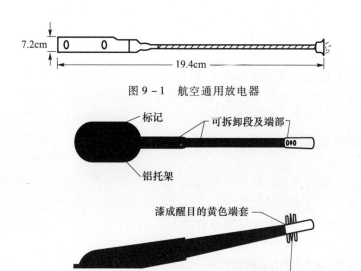

图 9 - 2　典型的静电放电器

2）放电器安装要求

（1）安装在静电容易积累的地方,如机翼翼梢的后缘、垂直和水平稳定翼的叶梢。

（2）放电器之间的距离不小于 30cm;否则会发生相互遮蔽。

（3）所有放电器都应安装在机身框架的可靠部位。安装前,金属接合面要清污,安装后底部要涂漆。

（4）如果安装面是非金属的,则要在安装位置与最近金属表面之间装上金属搭接条。

9.4.2.2　天线的绝缘处理

天线的绝缘处理措施有下面几点。

（1）应该用聚乙烯或其他合适的材料将暴露的金属天线零件绝缘起来,能直接防止天线电晕放电。

（2）天线最好远离静电电荷集中的地方,如后缘尖端等尖锐部位。

（3）若天线只能安装在靠近尖锐边缘或突出部位,则应采用放电器。

（4）对用绝缘材料覆盖起来的天线,应定期检查绝缘性能。

9.4.2.3　挡风玻璃的防静电处理

在挡风玻璃上不使沉积静电放电的措施有以下几个。

（1）在挡风玻璃上涂一层氧化亚锡防静电涂层。

（2）在表面塑料或玻璃薄层下面铺一层导电薄膜或细电阻丝,通以适当电流使之发热。

（3）在部件表面的中央或边缘贴一条接地的窄铝箔,可防止表面跳火。

9.4.2.4　燃油的静电防护

对于燃油的静电防护,需要注意以下几点。

（1）保证油箱组件的搭接和接地,包括夹子、钳子、安全线等。

（2）确保油箱壁的电导率低于燃油电导率。燃油中加抗静电添加剂,可提高燃油电导率。

（3）限制摩擦速度与流速。加油进入速度应小于 $3m/s$;管线速度应小于 $9m/s$。

（4）要求燃油传送口设置在油箱底部,以免出现起雾、喷溅或起泡沫现象;将全部节流口设置在输送口的上游。

（5）油箱维修人员必须注意静电防护事项。

9.5　雷电和 EMP 的防护

9.1 节介绍了核电磁脉冲的危害。本节将介绍对雷电和 EMP 的防护机理和思路,然后介绍防护的手段,并将这种手段具体地应用到地面设施、飞行器和机载设备等的防护中。

9.5.1　雷电与 EMP 防护的思路

雷电和 EMP 都属于电磁干扰,对它们的防护可以从 3 个方面入手:一是从源头进行消雷,避免雷电的产生;二是切断雷电和 EMP 到达敏感设备的渠道;三是提高受危害设备的敏感电平。

消雷装置是在高空产生大量正离子和负离子的设备。它与带电积云之间发生离子流,中和积云电荷,消除落雷条件。

切断雷电和 EMP 对敏感设备的各种耦合渠道,通过对电磁脉冲能量的反射、吸收、隔离和释放,将其减小到敏感设备能够承受的范围。常用的防护手段有引雷、屏蔽、滤波、搭接与接地。

降低敏感器的敏感性,可以通过加固设计来实现。如采用机电继电器的电路遭受 EMP 损坏的可能性比半导体开关小得多。

通常,能控制电磁干扰的防护措施对雷电、EMP 的防护也是行之有效的。但在具体实施上还要注意雷电和 EMP 自身的一些特点,这些特点有:

(1) 脉冲在有耗媒质中的穿透能力与脉冲形状(脉宽)有关。

有学者在研究超宽带短脉冲对人体的穿透深度时,其实验结果和理论分析分别如图 9-3 和图 9-4 所示。实验结果表明,当入射的脉冲形状脉宽为 1ns 时,其衰减率明显低于脉宽为 0.65ns 和 1.2ns 的脉冲,也低于频率为 0.45GHz 的连续波。理论研究也得出了类似的结果。其他学者的实验结果也证明,超宽带短脉冲微波武器对混凝土墙和沙子的穿透能力也比一般脉冲要强。显然,沿用传统的正弦连续波传播特性和屏蔽理论分析方法得出的结论,在这种情形就不一定适用,新的问题有待人们去探索。

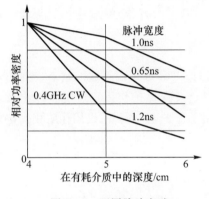

图 9-3　不同脉冲衰减
情况的实验结果

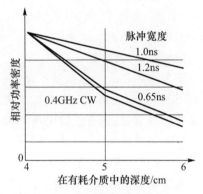

图 9-4　不同脉冲衰减
情况的理论结果

(2) 接地体的流散特性(接地电阻)与冲击电流密切相关。

① 冲击大电流经接地体流入土壤后,接地体形成强电场,将土壤击穿而产生火花,这就相当于增加了接地体的截面,增加了泄流面积,使接地电阻减小。

② 在强电流作用下,土壤的电阻率 ρ 有所下降,也使接地电阻减小。

③ 在冲击电流作用下,接地体表面不是一个等位面,对流散不利。

④ 因电流陡度大,有高频分量电流,必须考虑趋肤效应,考虑接地体电感和对地电容,使泄放电流受到影响,会使接地电阻增大,但比前两项影响要小。

通常冲击接地电阻 R_{ig} 与工频接地电阻 R_{pg} 之比称为冲击系数,即

$$\alpha = \frac{R_{ig}}{R_{pg}} \qquad (9-2)$$

式中:α 为冲击系数,一般在 0.2～1.25 范围内,它与接地体的特征、冲击电流大小和土壤电阻率等有关;R_{ig} 为冲击接地电阻(Ω);R_{pg} 为工频接地电阻(Ω)。

⑤ 在高频情况下,大地的电参数 σ_g(土壤电导率,在 10^{-3}～10^{-2}S/m 内)有增大趋势,ε_{rg}(大地相对介电常数,在 5～50 内)有减小趋势。当大地中场强较

高时,电流、电压可能出现非线性。这些现象对流散的影响,还有不少未知数,有待人们去研究。

总之,在 HEMP 电流和雷电作用下,大地的流散特性比直流、工频时复杂得多。

(3)用于雷电与 EMP 防护的器件和设备必须要经得起电压、电流的冲击(短时间的高电压和大电流)。

9.5.2　防护装置与防护技术

9.5.2.1　引雷装置

引雷装置是由接闪器、引下线和接地装置等组成。其原理是利用接闪器(如避雷针、避雷线、避雷网、避雷带等)把雷电引向自身,然后通过引下线和接地装置把雷电流泄入大地。

9.5.2.2　避雷器

通常避雷器并联在被保护设备或设施上,正常时处在不通的状态。当出现雷电、EMP 过电压时,击穿放电,切断过电压,发挥保护作用。过电压终止后迅速恢复不通状态,恢复正常工作。它主要用于保护电力设备,也用作防止高电压侵入的安全措施。

9.5.2.3　消雷技术装置

通常有感应式消雷装置。电离装置可制成环形、锥形等不同形状,上面装有多支长 2~3m 的放电针,电离装置高度约 30m 以上。目前正在研究的有电离装置上带有放电性元素的消雷装置和带有高压强制电离装置的消雷装置。

9.5.3　飞行器与机载设备防护考虑

雷电沿机身流动,在机内导线上产生感应电压和电流。这种感应电压对不同机型、不同结构的系统产生影响见表 9-7。

实际上感应电压大小还与其他因素有关,举例如下。

(1)飞行器所开"窗口"的大小与形状。

(2)蒙皮材料与"窗口"所用材料。

(3)窗口内导线的安装位置、导线的类型(是否屏蔽)等。

表 9-7　感应电压对不同飞机不同结构的影响程度

飞机结构系统	所有金属飞机无机头罩无吊架	一般小型航空飞机	大型民用和军用运输机	具有复合材料的现代超音飞机	碳纤维飞机	旋翼机	有警戒雷达的飞机
皮托管加热系统	—①	—	△	△△△	△△△	—	△
天线	△②	△	△	△	△△	△	△

176

飞机结构系统	所有金属飞机无机头罩无吊架	一般小型航空飞机	大型民用和军用运输机	具有复合材料的现代超音飞机	碳纤维飞机	旋翼机	有警戒雷达的飞机
座舱盖	—	△	问题一般较小	△△③	△△	△△	△
复合材料蒙皮板后布线	—	如是玻璃钢△△△	△△	△△	△△△	△△	△
导航灯电线	—	△△△④	△	△	△△	—	—
设备安装位置	—	△	△	△△	△△	△	△
燃料箱内导线和管路	—	如是玻璃钢△△△	△	△	△△△	—	△
玻璃纤维机翼缘和燃料箱	—	△△	△	△	△	—	△
天线罩连线,即与雷达相连的导线	—	△	△	△	△△	△	△△
机翼或防冻电动机叶片或可拆电动机叶片	—	—	—	—	△	△△△	—
玻璃纤维叶片	—	—	—	—	—	△△△	—
吊、拖、牵的金属物体包括拖索中导线	—	—	—	—	△△	△△△	△△△

①—不适用或无问题;②△—有潜在危险性;③△△—有严重潜在危险性;④△△△—有十分严重潜在危险性

飞行器雷电防护设计考虑见表 9-8,表中指出了飞机各部位及其相应的措施,从表中可以看出,它是屏蔽、搭接、滤波的具体运用。

表 9-8　飞行器雷电防护设计考虑

飞机部位	防护措施
雷达天线罩与座舱罩	(1) 天线罩外表面要有导电涂层,并要注意天线罩的传输损耗。 (2) 其介电强度至少能承受 33kV/m 的跳火,并应安装分流带。 (3) 电气搭接装置。 (4) 天线罩下方的电缆应采用屏蔽和其他措施。 (5) 座舱罩应装有保护机组人员安全的金属防护条,该防护条能通过大电流且不影响座舱弹射能力

飞机部位	防护措施
天线	（1）天线必须要用避雷器（火花隙类型）。 （2）还需采用辅助性防护措施，避免破坏场效应晶体管和集成电路。 （3）天线位置的选择
绝缘部件（翼尖，其他部位的玻璃纤维绝缘部件）	采用分流带和分流肋
油箱系统	（1）采用防电弧加油口盖，在其口盖的边缘四周与油箱外壳之间形成一种良好的金属－金属接触。在雷击时，油箱里不会产生火花。这一办法也可用于排泄泵、油箱探针和检修口。 （2）沿油箱箱体接缝应采用跨接线，以保证电气的连接性。 （3）如采用机翼作油箱，则机翼外壳厚度应能承受雷电电流。 （4）进入油箱的电缆应屏蔽、隔离、远离可能感应能量的电缆。 （5）油箱通气孔和排油口应安装在安全位置
蒙皮	（1）通过固有的射频搭接产生一个均匀低阻抗蒙皮。所有构成飞行器的结构部件如机翼、机身等之间均必须进行射频搭接。 （2）铆接的蒙皮结构，可将任何雷电电流分配给无数铆钉的封闭铆接蒙皮结构，可视为一个雷电放电电流回路
操纵面	（1）操纵面和襟翼均应具有跨接于以每一铰链的搭接跨接件。 （2）若通过铰链电阻低于 0.1Ω，则可以不用安装跨接线
雷电可能进入点（航行灯、空速管、挡风玻璃、加油口盖、天线等）	应设置雷电防护装置或避雷器，同时包括支架、悬杆等伸到机身外面的部件也需防护
复合材料（如硼、玻璃和石墨纤维增强塑料）	等离子喷涂铝或火焰喷涂铝、铝丝布涂层材料。后者重量只有前者的1/4
拖、牵、吊的物体（如传感器、声纳、超低频天线或其他电气设备）	（1）在机翼下方来说比较安全，若要求高，则应另加防范措施。 （2）若安装在翼尖或其附近，则必须加保护装置

第10章　电磁兼容测量与诊断

在前面的章节中对电磁兼容的设计进行了介绍,本章内容是关于电磁兼容测量。电磁兼容测量是电磁兼容技术中很重要的领域。因为很多电磁干扰是分析不出来的,必须通过测量才能发现。测量可以说是分析手段的一种延伸。电磁兼容测量有以下几个特点。

（1）被测对象种类繁多,测量的参数也多。

（2）测量参数的动态范围比较大,如频率范围(直流到40GHz)、电平大小、瞬态时域参数等。

（3）测量的仪器种类多,如信号源、频谱仪、测量接收机、存储示波器、功率计、特种信号源、功率放大器、电压表和频率计等。

（4）测量的辅助配套装置特别繁杂,如各种宽带天线、各种电源、电压探头、隔离变压器、人工电源网络、校准装置等。

（5）测量的标准依据有军标、民标。不同标准的测量要求和测量方法差异较大,如检波有峰值检波、准峰值检波、平均值检波及有效值检波之分。

（6）测量的场地有特殊要求,如开阔场、屏蔽暗室、横电磁波(TEM)小室、吉赫兹横电磁波(GTEM)小室等,民标测试中有场均匀度要求。

（7）随着电子技术的发展,测量的自动化程度越来越高,大部分项目测量都采用自动化测量。

10.1　电磁兼容测量的内容

概括起来,电磁兼容测量的主要内容如图10-1所示。

10.1.1　设备或部件的电磁兼容测量

设备或部件的电磁兼容测量是目前电磁兼容性试验中最主要的内容,它们都是依据标准和规范对产品进行检测的。由相关标准可以看到,针对不同的产品类型制定了不同的标准。这些标准对试验要求、内容和试验方法等都给出了明确的规定。

在军工产品的电磁兼容试验中,较为常用的标准是 GJB 151A—97 和

179

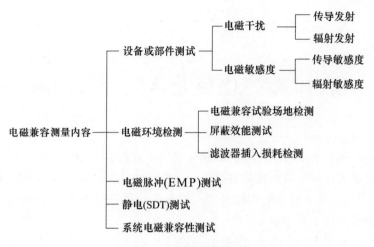

图 10 - 1 电磁兼容测量内容

GJB 152A—97。表 10 - 1、表 10 - 2 分别给出了标准所规定的试验内容和适用
范围。

表 10 - 1 GJB 151A—97 测试内容

测试项目	含 义
CE101	25Hz ~ 10kHz 电源线传导发射
CE102	10kHz ~ 10MHz 电源线传导发射
CE106	10kHz ~ 40GHz 天线端子传导发射
CE107	电源线尖峰信号（时域）的传导发射
CS101	25Hz ~ 50kHz 电源线传导敏感度
CS103	15kHz ~ 10GHz 天线端子互调传导敏感度
CS104	25Hz ~ 20GHz 天线端子无用信号抑制传导敏感度
CS105	25Hz ~ 20GHz 天线端子交调传导敏感度
CS106	电源线尖峰信号传导敏感度
CS109	50Hz ~ 100kHz 壳体电流传导敏感度
CS114	10kHz ~ 400MHz 电缆束注入传导敏感度
CS115	电缆束注入脉冲激励传导敏感度
CS116	10kHz ~ 100MHz 电缆和电源线阻尼正弦瞬变传导敏感度
RE101	25Hz ~ 100kHz 磁场辐射发射
RE102	10kHz ~ 18GHz 电场辐射发射
RE103	10kHz ~ 40GHz 天线谐波和乱真输出辐射发射
RS101	25Hz ~ 100kHz 磁场辐射敏感度
RS103	10kHz ~ 40GHz 电场辐射敏感度
RS105	瞬变电磁场辐射敏感度
注：CE 表示传导发射；CS 表示传导敏感度；RE 表示辐射发射；RS 表示辐射敏感度	

180

表 10 - 2　GJB 151A—97 适用要求矩阵

设备安装平台		水面舰船	潜艇	陆军飞机	海军飞机	空军飞机	空间系统	陆军地面	海军地面	空军地面
要求项目适用性	CE101	A	A	A	L					
	CE103	A	A	A	A	A	A	A	A	A
	CE106	L	L	L	L	L	L	L	L	L
	CE107			S	S	S				
	CS101	A	A	A	A	A	A	A	A	A
	CS103	S	S	S	S	S	S	S	S	S
	CS104	S	S	S	S	S	S	S	S	S
	CS105	S	S	S	S	S	S	S	S	S
	CS106	S	S	S	S	S	S	S	S	S
	CS109		L							
	CS114	A	A	A	A	A	A	A	A	A
	CS115			A	A	A	A	L		L
	CS116	A	A	L	A	A	A	L	A	
	RE101	A	A	A	L					
	RE102	A	A	A	A	A	A	A	A	A
	RE103	L	L	L	L	L	L	L	L	L
	RS101	A	A	A	L			L	L	
	RS103	A	A	A	A	A	A	A	A	A
	RS105	L	L	L	L				L	

注：A 表示要求使用；L 表示按标准相应条款加以限制；S 表示订购单位对适用性和极限作详细规定

10.1.2　系统电磁兼容性测试

为了使电磁兼容试验结果具有可比性和重复性,标准为试验规定了较为理想的环境条件和标准的端接阻抗特性。但这种环境和端接特性往往与实际应用系统的情况不相符,因此造成如下局面:尽管组成系统的各个设备、分系统都满足设备级的电磁兼容要求(如 GJB 151A—97),但并不能保证它们组成系统后该系统完全兼容;与此相对应,局部超标的设备也未必就会造成系统的不兼容。也就是说,部件或分系统的电磁兼容性测试是保证系统兼容的必要条件,而非充分条件,因此有必要对整个系统进行电磁兼容试验。需要注意的是,系统电磁兼容试验是当系统运行在典型的预期工作方式下时,检查系统是否自身兼容,因此,即使试验表明系统自兼容,也不能保证该系统一定能与其实际工作环境电磁兼容。

除了检查各设备在对应系统特定环境条件下的相互兼容能力外,系统测试的另一项重要任务是检测系统中一些关键设备或关键点的安全裕量能否满足系统设计的需要。

10.1.2.1 系统电磁兼容试验项目

由于系统级电磁兼容试验涉及的设备数量大,试验工作量往往较大,需投入的人力和时间较多,因此必须尽量限制系统级试验的范围,只对必须做的项目进行试验。另外,为了缩短周期,有效、准确地完成繁重的测试任务,必须重视发展新的自动化测试系统。

系统电磁兼容性试验所述系统,泛指可以完成某一规定使命或任务的设备、分系统的集合体。例如,一枚导弹、一架无人机、一艘舰艇等都可看作一个系统,而飞机或舰艇上的通信或导航系统也可看作一个系统。但对于具体的检测对象,由于不同系统所担负的使命或任务存在差异,所包含的设备、分系统的范围各不相同,工作的电磁环境也不一样,因而使系统级电磁兼容试验的内容将随系统的不同而有很大差异。表 10 - 3 是不同系统应进行的试验与鉴定项目。

表 10 - 3　系统 EMC 试验内容

序号	试验与鉴定项目	飞机	舰船	星箭弹	车辆	场站
1	系统内分系统设备相互作用试验	Y	Y	Y	Y	Y
2	系统内关键分系统设备安全系数测试	Y	Y	Y	Y	Y
3	系统内互调干扰测试	O	Y	O	O	O
4	系统天线间干扰耦合测试	Y	Y	Y	Y	Y
5	系统电源特性测量	Y	Y	Y	Y	Y
6	系统电磁环境测量	Y	Y	Y	Y	Y
7	系统雷电试验	Y	Y	Y	N	O
8	系统 EMP 试验	O	O	O	O	O
9	系统静电试验	O	O	O	O	O
10	系统电搭接测量	Y	Y	Y	Y	Y
11	系统电气安全接大地测量	O	N	O	O	Y
12	系统间电磁相互作用试验	O	O	O	O	O
注:Y 表示必做;O 表示必要时做;N 表示不进行。						

系统电磁兼容试验包括系统内电磁兼容试验和系统间电磁兼容试验。例如,对一架飞机来说,可将其视为一个系统,机上各电子、电气设备间的兼容性试验属于系统内电磁兼容试验,而该机在编队飞行中与其他飞机的兼容性试验属

于系统间试验。一般在系统研制完成后进行的鉴定试验中,主要是进行系统内电磁兼容试验,即通过试验检验该系统是否自兼容。至于系统间试验,根据不同情况拟定专门的试验大纲。

这里着重叙述系统内电磁兼容试验技术。

10.1.2.2　安全裕度试验

安全裕度属于电磁裕量的一种,它是评定一个系统电磁兼容性的重要指标之一。对于一个系统,尤其是复杂的系统,其敏感度阈值与环境干扰通常是随机变化的,为此需要规定一个安全裕度,以确保重要系统的安全工作。进行系统安全裕度试验的目的在于测量系统的安全裕度是否满足规定的要求。

安全裕度试验方法通常有 4 种:第一种方法是将规定的安全裕度(如 6dB)人为地从敏感度阈值上减去,使受试系统对于干扰更为敏感;第二种方法是首先在干扰发生器工作时测量关键接口点的最大干扰信号,然后再向系统加入同样性质的且增加了规定安全裕度的信号,如果系统性能没有下降,就验证了安全裕度满足要求;第三种方法是在系统中产生干扰的设备工作情况下,测量关键接口处的传导干扰和所研究设备处的辐射干扰,然后与实验室里测量的敏感度结果进行比较,就可以确定安全裕度,只要系统的试验方法和实验室敏感度的试验方法之间具有类似性,这一比较就是正确、有效的;第四种方法是增加干扰源与敏感设备的耦合度。例如,用减少收发天线间距离、减小极化损失或减小馈线损耗来增加收发间的耦合,也可以通过从电源线或信号电路中撤除插入损耗已知的滤波器来增加耦合。

为了较好地完成安全裕量的检测,首先,系统的承制单位应拟定安全裕度试验大纲,并提交订货单位批准。试验大纲应包括以下最低限度内容。

(1)指定电磁兼容标准和应执行的相关技术文件,标准剪裁的具体内容在专业技术文件中注明。

(2)设备和分系统级电磁兼容测试验收要求。

(3)关键设备列表和无线收发设备列表,监测关键点或关键电路的选择。

(4)系统级电磁兼容测量保障条件。

(5)系统级电磁兼容试验目的和要求。

(6)测试设备的配置要求,被测系统的布局和参试工作模式的确定。

(7)系统级电磁兼容试验内容和方法。

(8)失效或性能降低的判断准则的确定。

(9)测试数据分析和测试报告要求。

其次,应确定系统或监测点可能发生的故障准则,以及关键设备或电路的安全系数。故障准则是判断安全裕度的基准,通常由关键点(对系统性能至关重要或对干扰最为敏感的部位)可接受的技术状态确定。从检测信号特性看,一个较复杂的分系统和设备可能同时具有模拟输出、数字输出或同步输出等类型。

10.1.2.3 系统电磁兼容试验要点

（1）系统电磁兼容试验是系统研制后期进行的鉴定试验的必要组成内容，在该系统总的试验大纲中应包括独立的电磁兼容性试验计划，是由研制方拟定，提交使用方批准。

（2）系统包括的所有分系统和设备应满足相应标准（如 GJB 151A—97、GJB 152A—97）要求，或是由使用方同意的、经过剪裁的特定规范要求。

（3）试验场所的选择应经使用方批准，其环境电磁噪声电平应满足规定的要求。

（4）试验时，系统的外接电源应满足规定的电源品质要求。

（5）试验使用的仪表应在计量的有效期内。

另外，大型系统的系统间电磁兼容试验一般无法在实验室进行。多数情况下是依靠基本测试数据分析而给出预估结论。系统电磁兼容试验较为繁琐，工程操作上应注意以下几点。

（1）系统级电磁兼容试验要求被测系统工作在实际工程模式下，所以一定要与被测系统的实地联机试验和综合电测一起考虑，密切配合。在电性能测试的同时，完成系统内设备和分系统相互之间的兼容性验证。

（2）系统级电磁兼容试验一定要做好充分准备，特别要对设备和分系统测试数据以及系统内电磁干扰测试数据进行详细分析。对于有可能发生干扰的收发对安排重点试验验证，这样才能有的放矢，达到试验目的。

（3）重视系统联机、电测中出现的各种异常现象。认为有可能是由于电磁干扰原因引起的异常，应在系统级电磁兼容试验期间通过测试手段进行试验验证。

10.1.2.4 典型的系统电磁兼容试验

图 10 - 2、图 10 - 3 分别给出了一个针对无人机的系统电磁兼容试验程序和电磁兼容测试系统组成示意图。

（1）测试工作基本上分为 3 个阶段。

① 准备阶段。应进行三方面工作：首先设备、部件和分系统须经电磁兼容测量，对系统中可能购置的"货架产品"进行相应检测；制订系统测试大纲，提出测试项目要求和测试方法，确定故障准则，检查测试仪器的检定有效期；系统所有设备均应按照研制阶段与运行技术状态进行安装，确定被测系统测试的工作模式。

② 测试阶段。按照大纲选择的项目、方法运行测试。必要时，对出现的干扰问题就地解决，并详细、完整地记录每个项目的测试数据。

③ 测试报告形成阶段。对已进行的项目进行数据分析，提出处理意见和

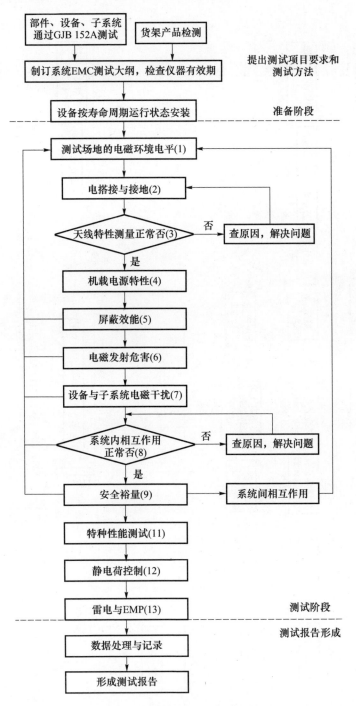

图 10－2　系统电磁兼容试验程序

185

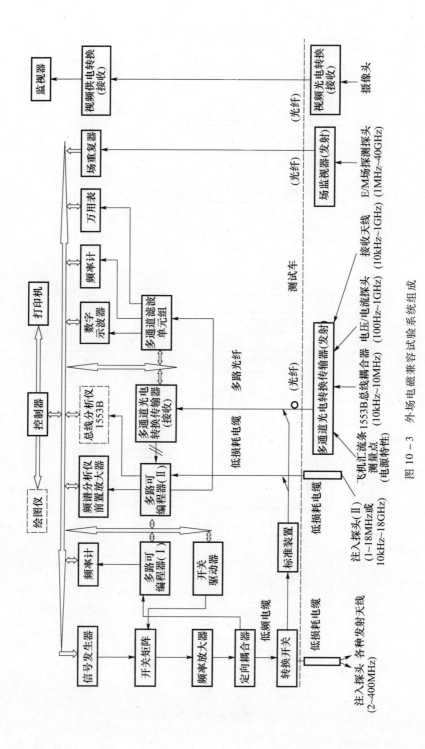

图 10－3　外场电磁兼容试验系统组成

186

结论。

（2）测试过程应根据系统特点和工作模式，依据测试大纲，对涉及的各试验项目依次进行，如图 10 – 2 所示的项目次序（1），（2），…，（13）。因为各项目之间存在一定的因果关系，所以前一项检测的结果会影响下一项的指标高低。例如，电搭接与接地的好坏，将直接影响天线特性和屏蔽效应的性能，以及影响电磁发射危害等一系列测试结果。

（3）系统内相互作用或自兼容试验是系统电磁兼容试验的基础。随着外部电磁发射设备的增多和功率的不断加大，以及现代系统大量采用各种复合材料等因素，导致外部电磁环境对系统的影响已逐步成为系统的主要威胁来源，但由于外部干扰的不确定性和随机性，使系统试验难以真实地模拟外部可能存在的干扰。因此，试验对于未知的其他系统干扰，往往是通过对可能的外部系统或预期电磁环境的分析，确定适当的系统试验安全系数，以此保证系统能在未来使用过程中正常运行。

10.2　电磁兼容测量方法

与电磁兼容测量内容相对应，测量方法归纳起来可分为四大类：传导发射测量、辐射发射测量、传导敏感度测量和辐射敏感度测量。针对不同引用标准，这些方法在具体实施时可能会有较大差异。为了对电磁兼容测量方法有一个总体认识，这里主要对一些共性问题进行阐述，更为详细具体的内容可参阅相关的标准。

10.2.1　电磁兼容测量的一般步骤

电磁兼容测量是产品研制和生产过程中的重要一环，为了能全面反映产品质量，在确定并进行一项测试时要遵循一套试验程序。通常包含以下几个步骤。

1）产品分析

产品分析就是对电磁兼容试验的被试件进行定位，明确产品所属类别，如军用或民用产品、民用哪类产品等；分析被试件的应用环境，估计可能产生干扰或易受干扰的途径或端口；依产品所属不同研制阶段确定试验性质（如预兼容测试、摸底试验或最终验收测试）；选用试验所依据的标准。

2）制订试验大纲和测试细则

试验大纲通常由用户方制订，是在产品分析的基础上，根据被试件的性质、用途、分类提出测试要求，确定试验的等级、测试的范围（如频段、场强等）、使用标准的裁剪、被试件的数量、工作状态、试验监测方法、敏感性判断准则等。作为试验输入文件，指导测试细则的制订。

测试细则由测试方编写,根据试验大纲给出的信息,安排测试有关事宜,如测试系统的选用、测试布置、试验辅助系统保证、测试项目开展的顺序等。从试验的顺序来讲,一般以不具破坏性的传导发射和辐射发射测试开始,而将需要处理、剖开电源线,或因施加干扰可能导致被试件出现故障以致损坏的抗扰度项目放在最后进行。

3) 试验准备

被试件进入实验室,根据试验场所的具体环境,对诸如产品和仪器的布置摆放、监视设备的接入、电源的连接等,均需事先予以安排和准备。为减少试验场地环境对电磁兼容测量结果的影响,提高测量的复现性,应保证试验环境电平满足标准要求,清除试验区域内与辐射发射和辐射敏感度无关的物体;利用交流分相供电、隔离变压器等措施保证测量仪器和被测设备的相互隔离;对试验连接电缆的长度、走向,须专门考虑,既要留有足够长度,又要尽量减少对试验的影响。在完成试验准备后,应对被试件及其监控系统通电检测,以判定被试系统工作状态是否正常。

4) 检查测量仪器

正式测试前应对测量系统进行连接及功能性检查,以确定测量仪器均连接无误,工作正常。测试不确定度在允许范围之内。此步骤可作为定期检查项目,也可根据标准要求在每次测试之前进行。

5) 分项测试

测试允许不同被试件和不同测试项目交叉进行。如针对同一被试件,完成所有项目的测试之后,再对下一个被试件测试,但必须保证同一项目的测试条件不变。用此方法时测试工作量较大,每测完一项需换一套系统,适合被试件较大、不易搬动的情况。也可按测试项目顺序,在测完所有的被试件之后,再换下一个项目。有些测试可以几个被试件同时测量,如辐射抗扰度测试,只要被试件体积不是很大,并具备同时监测的手段即可。

6) 诊断、修改和重新测试

在预兼容或摸底测试过程中,对于测试结果超标的现象应及时予以分析,判定问题所在。如有条件,可现场整改,并进行对比测试。

7) 编写测试报告

测试完成后,对记录的测试条件、被试件工作参数等数据按被试件和项目整理分类,判别哪些通过、哪些未通过,对未通过的条件、状态、敏感的阈值或门限电平,传导或辐射发射测试超过极限值的频点、幅度等,进行分析并给出测试结果,形成测试报告。

报告中应包含以下内容。

(1) 测试单位与送测单位名称。

（2）被试件名称、型号、数量、编号。

（3）测量时间、地点。

（4）测试项目、依据标准。

（5）测试系统、仪器、装置的名称、型号及鉴定证书号。

（6）测试连接图、测试条件。

（7）敏感判决标准或检验准则。

（8）被试件工作状态,对所施加干扰的反应及敏感现象。

（9）测试频点,所测干扰的幅频曲线或时域波形图;施加的场强、电压、功率值。

（10）结论与修改建议。

（11）测试人员签字、审核、批准、盖章。

10.2.2　传导发射测量方法

传导发射测量是测量被测设备通过电源线或信号线向外发射的电磁干扰。测量方法通常分为两大类:电流法和电压法。根据要求的不同,具体测试时可采用不同的测量装置,包括电流探头、电源阻抗稳定网络、功率吸收钳和定向耦合器等。

10.2.2.1　电流法

测量电源线或互连线中的干扰电流,主要采用电流探头、电磁干扰测量仪和线性阻抗稳定网络(或 $10\mu F$ 穿心电容),其测试配置如图 10 - 4 所示。

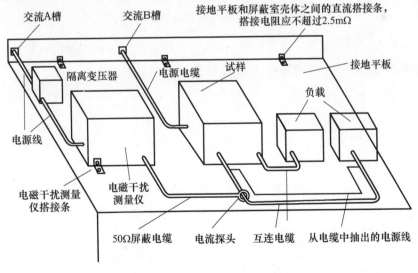

图 10 - 4　传导干扰电流法配置

电流探头为"拣拾"干扰信号的传感器,其尺寸应能容纳被测的最粗电缆,而承受流经电缆的最大不饱和电流,并满足被测信号的频率范围要求。

电流探头的灵敏度可用转移阻抗(定义为次级 50Ω 端口电压与初级电流之比)表示。电流探头和电磁干扰测量仪的总灵敏度,取决于电流探头的转移阻抗和干扰测量仪灵敏度,导线中最小可测干扰电流为

$$I = U + F \qquad\qquad (10-1)$$

式中:I 为干扰电流(dBA);U 为端口电压(dBV);F 为探头转换系数(dB/Ω)。

线性阻抗稳定网络或 $10\mu F$ 穿心电容,在测量传导干扰电流过程中起到稳定电源阻抗及隔离电源与受试设备之间相互干扰的作用。

10.2.2.2　电压法

测量试件反馈到电源线中的传导干扰电压,直接采用线性阻抗稳定网络(或人工电源网络)和电磁干扰测量仪。测试配置如图 10-5 所示。干扰电压的测量直接通过阻抗稳定网络的监视测量端口进行,此端口通过电容耦合的形式,将电源线上被试件产生的干扰电压引出。

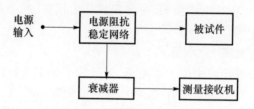

图 10-5　电压法测试配置简图

阻抗稳定网络或人工电源网络,在规定的频率范围内提供规定的阻抗,对电网中乱真信号提供足够的隔离,阻止电网电压加到电磁干扰测量仪上。图 10-6 给出了典型人工电源网络的原理,与此相对应,表 10-4 给出了三种常用的人工电源网络。

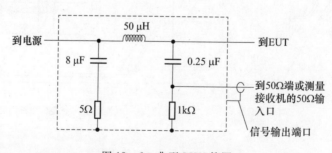

图 10-6　典型 LISN 简图

190

表 10 - 4　常用人工电源网络阻抗特性

类型 (50Ω)	50μH、5Ω	50μH	5μH
频率 范围	9kHz ~ 30MHz	0.15 ~ 30MHz	0.15 ~ 100MHz
阻抗 特性	容差(±20%) 阻抗/Ω 频率/MHz	阻抗/V 频率/MHz	阻抗/Ω 频率/MHz

电压法应注意以下几个问题。

（1）人工电源网络应可靠接地。为防止网络电源出入线之间的耦合,布线时应注意两者隔离,不得交叉走线。

（2）由于网络的阻抗频率特性在低端和高端都会偏离标称值,导致与电磁干扰测量仪输入阻抗不匹配,实测电压必须考虑网络校准系数。

（3）检查由电网通过人工电源网络窜入的剩余干扰,若剩余干扰不满足低于相应极限值 6dB 的要求,则应在电网与人工电源网络之间插入滤波器。

国标和 CISPR 测量传导发射采用电压法,单位为 dBμV;国军标则采用电流法,单位为 dBμV。对于同样采用线性阻抗稳定网络的测量系统,电压法与电流法测量的结果极易转换,即将电压法测得的电压 $U(f)$ 除以阻抗稳定网络的阻抗 $Z(f)$ 就得出干扰电流 $I(f)$;但对于电流法采用 $10μF$ 穿心电容的系统,这种转换就并不这么简单了,而需要根据各自的等效电路方程进行求解。

10.2.3　辐射发射测量方法

辐射发射测量是检测被试件干扰通过空间辐射的能力,通常要求在屏蔽室、开阔场或(半)电波暗室中进行测试。由于符合要求的开阔场不易得到,现在大多在屏蔽暗室中进行测试。

测试布置与传导测试相似,选择表面有金属接地板的或非导电的试验台,一般以引用标准或被试件实际使用的环境、地点为依据。

被试件与测试天线的相对位置,依据测试标准要求有所不同,如国军标要求天线到被试件的测试距离为 1m,而对于一些民用标准则要求测量天线距被试件 3m、10m 或 30m 不等。另外,为了较全面地对被试件进行检测,被试件通常需放置在位于转台上方的试验台上,测量天线在 1 ~ 4m 的范围内扫描,被试件随转台旋转,以便寻找最大辐射场强。同时,测试需在水平和垂直两种极化方向进行。

辐射发射测量通常需根据测试内容和频率范围要求配置多种类型天线,如环形天线(测量磁场辐射)、杆天线(10kHz~30MHz)、双锥天线(30~200MHz)、双脊喇叭天线或对数周期天线(200~1000MHz)、双脊喇叭天线(1~40GHz)等覆盖整个电场辐射测量频段。

10.2.4　传导敏感度测量方法

传导敏感度测量是检验被试件"抵抗"外部传导干扰的能力,这种传导干扰可以是由空间电磁场在敏感设备的各种连接电缆上产生的感应电流(或电压),继而进一步作用于敏感设备;也可以是由各种干扰源,通过连接到设备的电缆(如电源线)直接对设备产生影响。

传导敏感度测量方法有两大类:电压注入法和电流注入法。按注入信号形式分,有连续波、调制连续波、尖峰信号、静电和核电磁脉冲衰减正弦振荡波注入;按注入部位分,有电源线、互连线、地线、壳体、天线输入端、插头座、控制机构或键盘等注入。

电压注入或电流注入都是有效地将规定的电磁能量注入试件的方法,通过注入变压器、耦合电容、电流探头注入并监测试件的敏感情况。

测量过程中应注意以下事项。

(1)确定敏感度门限值的准则,因不同设备而不同。

(2)确定敏感度试验信号的调制形式,应以标准要求或使试件最易敏感为准。

(3)对接收机进行互调、交调和乱真响应抑制试验时,应鉴别响应的真实性,防止由信号源或测试配置产生的响应。

(4)确定敏感度扫描速度,应注意试件出现故障或性能降低时指示器的时间常数及信号源扫频速度都会影响敏感度截取概率,对自动测试系统尤其如此。

10.2.5　辐射敏感度测量方法

辐射敏感度测量考核的是电子设备对外部辐射电磁场的承受能力,检查其在模拟电磁环境中是否会出现性能降低或故障。试验对象包括电子系统、设备及其互连电缆。干扰电磁场包含磁场、电场和瞬变电磁场等。信号类型可以是连续波、调制连续波及瞬变脉冲。

辐射敏感度测量是以对称天线法为基础,即在发射天线两侧相同距离上(如1m)分别布置试件和接收天线,把接收天线处的场强当作试件所处位置的场强。由于在屏蔽室内进行测量,壁面的反射、屏蔽室谐振效应等因数都可能引入较大误差,因此,近几十年来人们研究出了很多替代方法,如平行板法、长线法、横电磁波传输室法、电波暗室、混波室、压缩场法以及 GTEM 室法等。

10.2.6 屏蔽效能测量

10.2.6.1 屏蔽效能测量原理

屏蔽效能的各种计算公式虽然可以在一定程度上反映屏蔽体的屏蔽效果,但按各种屏蔽效能理论计算公式所得的值往往远大于实际达到的屏蔽效能,因此实际屏蔽体屏蔽效能的测量是工程上需要解决的一个重要问题。

屏蔽效能的测量方法按测量原理,可分为低频磁场的屏蔽效能测量、高频电场的屏蔽效能测量和高频电磁场的屏蔽效能测量。根据测试对象的不同,又分为材料屏蔽效能测量,线缆、接插件屏蔽效能测量,机箱、机柜和屏蔽盒屏蔽效能测量等。

根据屏蔽效能的定义,先分别测出同一点场强在屏蔽前(如电场强度 E_0)和屏蔽后(如电场强度 E_1)的值,再由两者的比值确定屏蔽效能。

要测量某一点的绝对场强是较困难的。屏蔽效能测量中,往往需根据被测屏蔽对象的尺寸和屏蔽性质选择相应的探头或天线,而这类探头或天线往往是未经标定的,因此即使以电磁干扰场强仪作指示仪器,所能测量的也只是施加在其输入端口的电压值。为了将场强值按比例转换为电压,作为传感器的探头和天线必须是线性的。这样测量读数可计为

$$\begin{cases} u_0 = KE_0 \,(\text{或}\ u_0 = K'H_0) \\ u_1 = KE_1 \,(\text{或}\ u_1 = K'H_1) \end{cases} \qquad (10-2)$$

式中:u_0 为屏蔽前探头上由被测场强产生的感应电压;u_1 为屏蔽后探头上由被测场强产生的感应电压;K、K' 为传感器的标定常数。

在满足上述条件的情况下屏蔽效能才可用屏蔽前后传感器电压之比表示,即

$$SE_{dB} = 20\lg\left(\frac{u_0}{u_1}\right) \qquad (10-3)$$

电磁干扰测量仪的分贝读数是以 $1\mu V$ 为基准的,即取 $u_s = 1\mu V$,故有

$$u_{0dB} = 20\lg\left(\frac{u_0}{u_s}\right)$$

$$SE_{dB} = 20\lg\left(\frac{u_0}{u_1}\right) = 20\lg\left[\frac{\dfrac{u_0}{u_s}}{\dfrac{u_1}{u_s}}\right] = 20\lg\left(\frac{u_0}{u_s}\right) - 20\lg\left(\frac{u_1}{u_s}\right)$$

得

$$SE_{dB} = u_{0dB} - u_{1dB} \qquad (10-4)$$

因此,屏蔽效能可以用屏蔽前、后电磁干扰测量仪上的电压分贝值读数之差表示。

10.2.6.2　常见屏蔽效能的测量方法

1) 机箱、机柜电磁屏蔽效能的测量

根据 IEC TS 61587 - 3 规定,19 英寸标准机柜屏蔽效能的测量可在开阔实验场地或射频暗室内进行,测试设备配置如图 10 - 7 所示。测量频率范围为 30MHz ~ 1GHz。该标准规定的屏蔽效能指标为:230MHz 以下,60dB;230MHz ~ 1GHz,50dB。

(1) 实验用的辐射源是内置电源的球形偶极子(放大器),工作状态经光纤控制,也可用内置电源的球形偶极子梳状信号振荡器。

(2) 测量天线采用双锥天线和对数周期天线,高度位置在 1 ~ 4m 内调整,极化可在水平和垂直两者之间切换。

(3) 被测箱柜安放在自动测试转台上。箱柜底面到接地基准面的高度为 10cm。

(4) 从偶极子中心到双锥天线中心(或对数周期天线前端)的水平距离为 3m。

(5) 球形偶极子借助绝缘介质定位于被测箱柜的中央。被测箱柜内不得增设额外金属构件。被测箱柜结构空腔谐振可能导致某些异常的屏蔽效能值,数据处理时应剔除。

(6) 按图配置使自动测试系统运行。频率从 30MHz 开始按 5MHz 步距递增,转台以小于 5°转角增量步进转动,天线按偶极子同样的极化取向,并沿着高度方向上下升降、搜索。测量箱柜泄漏信号 E_1 的整个过程及数据处理由计算机控制。

(7) 同时改变偶极子辐射器和测试天线的极化,重复第(6)步,测量另一组泄漏信号 E_1'。

(8) 撤去被测箱柜,仅将偶极子留在原来的空间位置。重复第(6)、(7)步,测量无箱柜时的一组偶极子辐射信号 E_0 和 E_0'。在(6) ~ (8)步进行过程中应当确保偶极子辐射器的输出幅度不变。

根据采集的 E_0、E_1 和 E_0'、E_1',对被测箱柜的垂直和水平极化屏蔽效能做出评价。

2) 电源变压器漏磁与屏蔽盒屏蔽效能的测量

精确测量电源变压器的漏磁和屏蔽盒的屏蔽效能,应该在专门的测试架上进行。探头采用灵敏度很高的空心小线圈,测试架如图 10 - 8 所示。装在测试

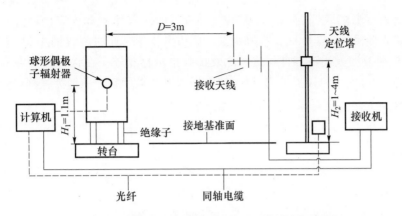

图 10-7　机箱、机柜屏蔽效能开阔实验场的测试配置

架上的探头能做水平和垂直方向上的直线移动,并借助测试架上的标尺确定、复现其空间位置。测试探头自身能绕两根相互正交的轴线转动。线圈电气中心与探头壳体的几何中心相重合,便于在保持测试线圈电气中心空间位置不变的情况下,用同一个探头依次测量空间磁场在 3 个正交方向(x,y,z)上的分量。测试架用酚醛布板制造,以免影响被测变压器漏磁场的分布。

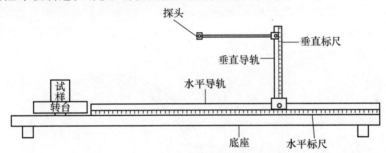

图 10-8　变压器漏磁及屏蔽效能测量装置

漏磁检测探头采用 $\phi 0.025\text{mm}$ 漆包线绕成 10000 匝空芯线圈,外形尺寸为 $10\text{mm}\times10\text{mm}\times10\text{mm}$,固有谐振频率高于 3kHz。

给测试转台上的受试变压器接上负载并通入额定工作电流。改变不同位置,用探头测出变压器在各个方向上漏磁场随距离的变化。测量屏蔽盒的屏蔽效能,可先选定几个典型位置,测量屏蔽前后的感应电动势,并按式(10-3)计算屏蔽效能。

3)材料屏蔽效能的测量

进行屏蔽设计前,为客观、经济、合理地选材,需要定量测量待选屏蔽材料的屏蔽效能。材料屏蔽效能的测量可以使用以下几种方法。

(1)小线圈法。本方法主要用于测量材料对磁场近场的屏蔽效能。配置见

图 10 - 9。测试频率不能太高,被测材料所需的线尺寸 a 和 b 应该远大于两测试线圈的半径 r。被测材料放在共轴(也可共面)配置的两线圈中间,取间距 $d = r$,发射及接收线圈各自与信号源及接收指示器相连。在保持信号源输出不变的情况下,置入和移去被测材料,接收指示器分贝读数之差即为被测材料的屏蔽效能。

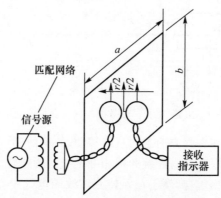

图 10 - 9　小线圈法测量材料屏蔽效能

　　(2) 带法兰的对接同轴线测量法。同轴线内的电场和磁场相互正交,并且垂直于电磁波的传播方向,如图 10 - 10 所示,可用来测量材料对平面波场的屏蔽效能(电场分量平行于试样)。

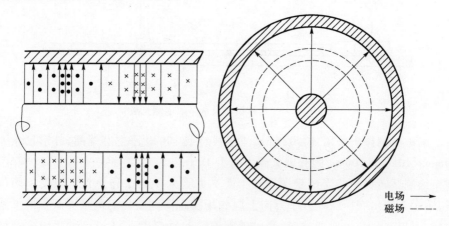

电场 ——→
磁场 ----

图 10 - 10　同轴线内的场分布

　　图 10 - 11 所示为带法兰的对接式同轴线结构。对接法兰表面有足够的平行度和光洁度,夹持被测试样后用空心螺套紧固。测试装置一侧内导体端面中央有 $\phi 12mm$ 的可伸缩栓舌,使测试频率得以向低端延伸。

　　试样外径 $\phi 115mm$,与法兰尺寸相配。对绝缘基板上的导电喷涂材料或导

196

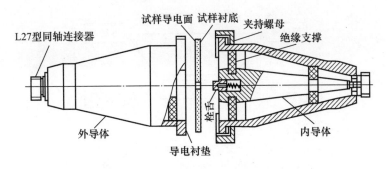

图 10 - 11　带法兰的对接同轴线结构

电玻璃等试样,试样中心应开 $\phi=12mm$ 的贯通孔,以便栓舌穿过它与另一端的内导体构成低频通路。测试配置如图 10 - 12 所示,测试频率范围为 9kHz ~ 1.5GHz,动态范围为 100dB。

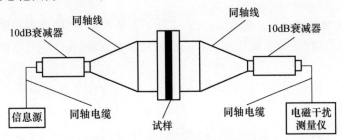

图 10 - 12　同轴线法测试配置

（3）孪生横电磁波室法。用孪生横电磁波室测量材料屏蔽效能的配置见图 10 - 13。孪生横电磁波室上、下两腔之间除耦合窗口外不应有其他泄漏途径。本测量方法中被测材料面垂直于电场分布。

试样接合面的配合质量会影响测量结果,测量时应将试样紧密压在耦合窗口上。先由接收机测得加屏蔽材料试样时的传输量值,然后撤去试样,保持信号源输出不变,再测无屏蔽材料时的量值。两次所得分贝值之差为试样的屏蔽效能。

（4）时域测量法。按传统的频域法测量,所需测试设备多、时间长,若按时域法测量,则简便得多,时域测量法配置如图 10 - 14 所示。该系统以脉冲信号发生器作信号源,横电磁波喇叭作源天线及接收天线,两天线相距 60cm,中央放置被测屏蔽材料。取样示波器用以显示源天线所发射的电磁波在传输途径中受到屏蔽材料反射和衰减后的波形,并把时域数据输出到计算机。通过计算机进行快速傅里叶变换（FFT）,把时域数据转化为频域数据。比较源天线与接收天线之间有无屏蔽材料时的信号频谱数据,即可求得被测材料在不同频率上的屏

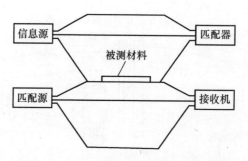

图 10 - 13　孪生横电磁波室测量屏蔽效能配置

蔽效能。此方法需要一块面积很大的试样材料,否则电磁波将绕过试样边缘到达天线,造成测量误差。假如试样材料面积较小,可用一块足够大的薄铜板(如2.5m×2.8m)代替,板上开直径为7.6cm的测试圆孔,试样材料覆盖在该测试孔上测量。

　　对低于160MHz的频率,被测材料已处于近场范围,它的存在对源天线本身会产生影响。因此,该系统远场条件的测试频率是200MHz以上,可测上限频率为3.5GHz。

　　该系统的测试动态范围仅50～60dB,所以不适合于高性能屏蔽材料的测量。若脉冲信号发生器功率可控,时域测量法也可用于屏蔽室屏蔽效能的测试。

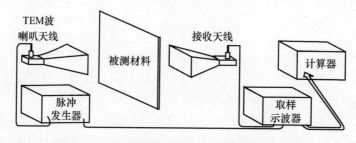

图 10 - 14　屏蔽材料屏蔽效能时域测量系统配置

10. 2. 7　静电放电、EMP 敏感度测量

　　本节首先介绍静电放电和 EMP 敏感度测量的相关术语;然后概括介绍民用标准《电磁兼容试验和测试技术静电放电抗扰度试验》(GB/T 17626. 2—2006)进行设备级测量和飞机系统静电放电敏感度试验的方法。

　　EMP 敏感度试验包括雷电和电磁脉冲,它可以通过国军标相关测试标准进行检验,在这里介绍《系统电磁环境效应要求》(MIL - STD - 464)中的相关雷电试验波形说明及飞机的雷电防护测试。

10.2.7.1 术语介绍

1）静电放电测试相关术语

（1）耦合板:一块金属片或金属板,对其放电以模拟对受试设备附近物体的静电放电。耦合板分水平耦合板(HCP)和垂直耦合板(VCP)。

（2）直接放电:直接对受试设备实施放电。

（3）间接放电:对受试设备附近的耦合板实施放电,以模拟人员对受试设备附近物体的放电。

2）EMP相关术语

（1）流光:在强电场作用下,从飞机表面发出的低能量的电离空气通道称为流光。它的能量可以使燃油蒸气点火或介质击穿。

（2）闪路:当击穿过程发生在气体或液体或固体交界面上时称为闪路。

（3）附着点:雷电通道与飞机表面的接触点。

（4）雷电附着区:按照不同雷电附着特性或传递特性划分的飞机表面上的3个区域。

区域1:初始雷击放电附着(进口或出口)具有高概率的飞机表面,即初始附着区。所有端部,如机头、机翼和尾翼的端部、尾锥、吊舱及其他突出物。其中根据电子弧长时间悬停可能性大小又分A区、B区,即:区域1A,雷电悬停在上面可能性较小的初始附着区,如朝前的端部或前缘;区域1B,雷电悬停在上面可能性较大的初始附着区,如朝后的端部或后缘。

区域2:电闪从区域1初始冲击附着点通过气流扫描并具有高概率的飞机表面。即扫掠冲击区,它也可分为A区、B区:区域2A,扫描闪电区,它具有低的电闪附着概率,区域1A的后面的表面如机身、短舱及机翼表面;区域2B,扫描闪电区,它具有高的电闪附着概率,如机翼内侧后缘。

区域3:除1、2区外的飞机所有表面。在该区放电电弧直接附着的可能性小,但它可能在某对初始雷电附着点或扫掠冲击附着点之间传导很大的雷电流。所以也可称为传导电流区。它将沿着机体、机翼、水平尾翼、垂直尾翼、支架和储能箱流动。

飞机上的区域位置与飞机的结构形状、材料性质、飞机特性等有关。图10-15所示为一架飞机的雷电附着区分布。

10.2.7.2 飞机系统静电放电敏感度试验

1）测试目的

为了检查飞机系统对沉积静电抗干扰各种措施(静电放电器、电气搭接、接地、导电喷涂、屏蔽等)的有效性。

机载电子设备有通信电台、无线电罗盘、无线电高度表、信标机、塔康导航设备、电子对抗设备、油量仪、自动驾驶仪、飞控计算机和航向姿态系统等。

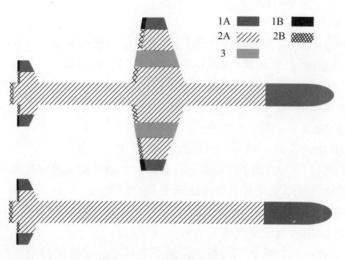

图 10 – 15　雷电附着区分布

2）静电放电发生器要求

电流波形与图 10 – 16 相似，但其试验电压通常应为 50 ~ 200kV，并具有连续放电的能力。

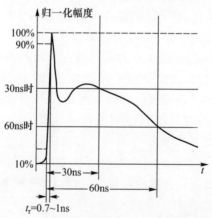

图 10 – 16　静电放电发生器输出电流的典型波形

3）测试方法

（1）将飞机停放在外场空旷地方，静电放电发生器放在需要测试部位的附近，使机载设备在外电供应下正常工作。

（2）静电放电器充好电后，将放电电极放到被测试部位（如设备舱、座舱、放电器等）进行放电，观察上述电子设备是否敏感。

（3）用手触摸仪表板、驾驶杆、油门杆、左右操纵台部位，不应有麻电感，且燃油系统不应受危害。

（4）和民用标准测试一样，放电电压应从低到高，以单次放电方式进行，在试验点上，至少施加 10 次单次放电，间隔 1s。

10.2.7.3 雷电、EMP 敏感度测试

1）部件的测试

在国标与国军标电磁兼容测试项目中，一些项目反映了设备与部件的雷电、电磁脉冲敏感度测试。如：

（1）GB/T 17626.5—2008《浪涌（冲击）抗扰度试验》。

（2）GB/T 17626.9—2011《脉冲磁场抗扰度试验》。

（3）GJB 151B—2013《军用设备和分系统电磁发射和敏感度要求与测量》。

① CS115《成束电缆注入传导敏感度，脉冲激励》。

② CS116《10kHz~100MHz 电缆和电源线阻尼正弦瞬态传导敏感度》。

③ RS105《瞬态电磁场的辐射敏感度》。

2）飞行器的系统测试

（1）雷电试验波形。根据美军标《系统电磁环境效应要求》（MIL-STD-464C），雷电试验分两种波形，即雷电的直接效应波形与雷电的间接效应波形。

① 雷电的直接效应波形。尽管自然界产生的雷电实际波形不知道，但可以用电压波形、电流波形来进行模拟试验。图 10-17 为雷电直接效应试验的电压波形。

图 10-17(a) 为雷电基本波形。它以 1000kV/μs（±50%）平均速率上升，直到由于试验物体击穿或出现流光为止。此时电压消失至零。

图 10-17(b) 为雷电全波。它是 1.2μs/50μs 的波形，用于绝缘冲击试验的电气工业标准中。

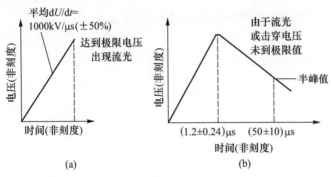

图 10-17 用于雷电直接效应试验的电压波形

用于雷电直接效应试验的理想电流波形如图 10-18 所示，它由 4 个电流分量组成，每个电流分量的参数标在图上。

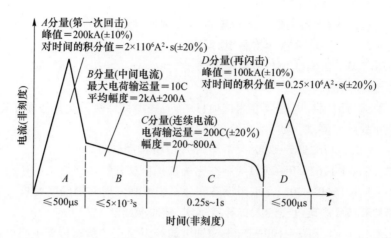

图 10 – 18　用于雷电直接效应试验的电流波形

② 雷电的间接效应波形。对直击雷间接效应环境的描述见图 10 – 19 和图 10 – 20。

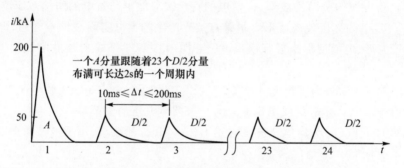

图 10 – 19　用于预测雷电间接效应的多次闪击电流模型

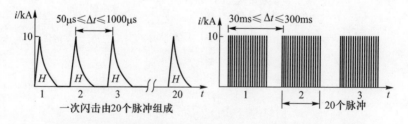

图 10 – 20　用于预测雷电间接效应的多次闪击脉冲群电流模型

图 10 – 19 为多重雷击放电电流波形 $A + D/2$,即规定在电流分量 A 后面跟随着幅值均为 50kA($D/2$)间隔时间随机的 23 个重复放电,所有这些放电在 2s 内完成。

202

图 10 - 20 为多重脉冲组冲击电流波形分量 H。它代表一种高变化率的上升脉冲,在整个 2s 期间,分量 H 在每组 20 个脉冲的 24 个随机间隔脉冲组内重复地产生。上述脉冲参数列于表 10 - 5 中。

表 10 - 5 雷电间接效应的波形参数

电流分量	图形说明	$i(t) = I_o(e^{-\alpha t} - e^{-\beta t})$		
		I_o/A	α/s^{-1}	β/s^{-1}
A	强闪击(初始高峰电流)	218810	11354	647265
B	中间电流(过渡电流)	11300	700	2000
C	连续电流(持续电流)	400(对 0.5s)	—	—
D	再闪击(重复雷击电流)	109405	22708	1294530
$A + D/2$	多次闪击 (多重雷击放电电流)	54703	22708	1294530
H	多次闪击脉冲群 (多重脉冲组冲击电流)	10572	187191	19105100

(2)试验方法。各试验的试验名称、代号、所适应的区域及对应的电压、电流波形示于表 10 - 6 中。T01 ~ T05 项目试验可参阅文献[11]。

内部电气设备的间接作用试验(T06)布置示意图见图 10 - 21。可根据机身身段或部位确定图中封闭腔体的形状和尺寸,腔体盖板可用铝合金或导电喷涂的复合材料及其他非金属构件。

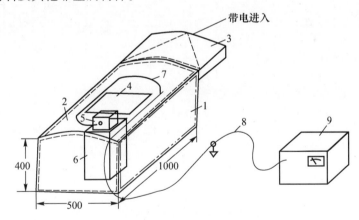

图 10 - 21 内部电气设备的间接作用试验布置

1—封闭腔体;2—蒙皮盖板;3—引雷对接板;4—环天线(距盖板最近 5mm);5—天线调谐器;
6—塑料垫块(尺寸按需要);7—腔内电缆段(距盖板 5cm);8—腔外电缆段(屏蔽);9—测量接收机。

测量记录设备可用望远镜、照相机及录像机,试验步骤如下:

① 根据试区确定采用的试验电流波形。

② 将被试件放入封闭腔体,并连接好相关线缆。

③ 通过引雷板注入雷击电流。

④ 接通瞬间,用望远镜观察测量接收机指示变化情况。

⑤ 检查盖板是否烧伤,其他设备是否有损伤。

表 10 - 6　飞机鉴定试验项目、区域和波形要求

方法代号	试验名称	附着区域	电压波形			电流波形/分量						备注
			A	B	D	A	B	C	D	A+D/2	A	
T01	全尺寸部件附着点试验	1A B	Y		Yᵃ							
T02	外部结构的直接作用试验	1A				Y	Y					
		1B				Y	Y	Y	Y			
		2A					Yᵇ	Yᵇ	Y			
		2B					Y	Y	Y			
		3				Y		Y				
T03	燃油蒸气点火的直接作用试验	1A				Y	Y					
		1B				Y	Y	Y	Y			
		2A					Yᵇ	Yᵇ	Y			
		2B					Y	Y	Y			
		3				Y		Y				
T04	电晕和流光的直接作用试验			Y								
T05	外部电气设备的间接作用试验					Yᶜ						
T06	内部电气设备的间接作用试验					Y	Y	Y	Y	Y	Y	d

注:(1) Y 表示应做项目、波形要求。

(2) a、b、c、d 为附注。

a. 电压波形 D 可用于鉴定低概率的雷击点。

b. 平均电流 4kA(±10%)用于周期等于最大 5ms 悬停时间,如果悬停时间多于 5ms,对于多余的悬停时间使用 400A 的平均电流,悬停时间应事先通过扫掠冲击来确定,如果这样还确定不了悬停时就取 50ms。

c. 间接作用还应用于该试验区电流分量 B、C 或 D 的测量。

d. 根据设备所在区域确定相应的分量或波形

10.2.7.4　雷电和电磁脉冲试验装置和场地

人们一直致力于对雷电放电、核电磁脉冲等试验装置的开发研究工作,以期更好地反映客观现象。图 10 - 22 给出了几个典型的雷电试验与试验装置;图 10 - 23 为两种类型的核电磁脉冲模拟器产品。

对于试验场地的要求,除了要充分考虑试验对象的大小规模与预期使用状态外,更重要的是应尽量减少外界电磁信号的影响。大型微波暗室是一种较为

图 10-22　雷电试验与雷电模拟装置

图 10-23　两种类型的核电磁脉冲产品

理想的试验场所,但对于尺寸较大的被试系统或要求环境非常恶劣的情况,微波暗室也可能无法满足要求,因而,具有特殊要求的外部试验场所就成为大型武器装备系统试验的首选场地。图 10-24 为 B-52 轰炸机进行核电磁脉冲试验的情景。

图 10-24　大型武器系统的 EMP 试验

10.3　电磁干扰诊断方法

电磁干扰是有害的电磁能量,它能中断、阻碍、降低或限制设备有效性能,严重时会出现电磁兼容故障。受到电磁干扰的影响,系统、分系统及设备的使用寿命会缩短,系统效能发生不允许的永久性下降,导致无人机事故甚至无人机失事。电磁兼容故障常常发生在部队使用、试验和研制单位生产研制、联调过程中。当出现电磁兼容故障时,必须进行电磁干扰诊断和排除。因此,诊断是件十分重要的工作,尤其是当电磁兼容故障尚未形成,但已有症候出现时,适时抓住时隐时现的症状及时进行诊断,将有助于预防和消除潜在故障发生,达到防患于未然的目的。诊断可能是设备或系统内的,也可以是系统间的;干扰源可能是一个,也可能是多个;干扰传输耦合途径可能是传导耦合,也可能是辐射耦合,或两者兼有之;接收响应可能是一个,也可能是多个。

在诊断过程中常需要运用相关性原则,相关性技术被广泛应用到诊断中。这类技术可以发现干扰三要素(干扰源、传输耦合途径、接收响应)之间的许多相互有机联系的物理现象,揭示出鲜明的因果关系。在进行诊断工作时,制订诊断计划是必要的,它避免了杂乱无效果的耗时的试验。一切有利于诊断的文件资料、现场环境状况、诊断记录等都应予以足够的重视。应指出,本节介绍的内容并不是电磁兼容诊断的全部内容。电磁干扰现象种类繁多,读者在广泛的诊断实践中会遇到很多例子。

10.3.1　诊断程序

电磁兼容诊断情况是十分复杂的,离不开对三要素的准确判断。诊断本身是按科学规律进行的科学试验,试验是诊断的基本手段。诊断离不开对电磁干扰现象的综合分析与调查研究。

1)电磁干扰源查询

(1)任何产生、发射、传递、接收、储存、处理、应用信息的电子装置都可能是电磁干扰源。

(2)任何产生、应用、传输、调整、变换电磁能的装置都可能是电磁干扰源。

(3)任何开发应用无线电频谱资源的地方,都可能是电磁干扰源。

(4)电源干扰是最常见的电磁干扰源。

(5)静电火花、放电和电弧等对电子设备(尤其是计算机及数据处理设备)可能产生干扰。

(6)机械振动、晃动、声音振动等都可能转变为电信号而成为电磁干扰源,如移动平台动力装置产生的机振、声振以及导线、电缆等晃动,可能引起电子线路、仪表电气设备和系统在磁场作用下以二次发射的形式发射强电磁干扰。

（7）在工农业生产、建设、生活、医疗、科研等活动中产生的人为无意干扰可能成为电磁干扰源。

（8）自然界如雷电、地磁、太阳和宇宙产生的自然无线电干扰可能是电磁干扰源。

2）功能信号干扰查询

（1）移动平台或固定台站中发射分系统发射的功能信号可能是电磁干扰源。

（2）系统、分系统和设备中的信号源或振荡器可能是电磁干扰源。

（3）地球空间充满各种用于广播、电视、通信、导航、雷达、遥控遥测等功能信号，它们可能是电磁干扰源。

（4）战场环境中，固定台站、移动平台等产生的功能信号和电子战干扰信号可能是电磁干扰源。

3）传输耦合途径查询

（1）电场、磁场和时变电磁场（近场、远场）是电磁干扰重要传输耦合途径。

（2）传导干扰，如沿电源线、互连线、地线、机壳等导电物质传导是电磁干扰重要传输耦合途径。

（3）系统、分系统、设备和电子线路界面是电磁干扰重要传输耦合途径。

（4）电磁感应是电磁干扰传输耦合途径。它可使辐射干扰与传导干扰相互转化，可能使诊断复杂化。

（5）工艺结构（如屏蔽、接地、连接等）缺陷可能是电磁干扰的传输耦合途径。

（6）系统、设备、天线、电缆、导线、地线、器件等布局不合理，容易耦合和传输电磁干扰。

（7）附近的建筑物、金属物体、车辆、工业电气设备、导线和试验人员以及试验仪器设备都可能是电磁干扰传输耦合途径。

（8）电磁场的反射、绕射、散射和二次发射可能是电磁干扰传输耦合途径。

4）接受器查询

（1）任何接收、放大、传感、传输、处理、储存、显示、应用信息的电子装置都可能成为电磁干扰接受器，如接收机、放大器、电子计算机等。

（2）灵敏或低工作电压（电流）电气装置可能成为电磁干扰接受器，如灵敏或低工作电压（电流）继电器、开关、电机等。

（3）带有传感器的系统和设备，其电磁干扰大都是由传感器产生和引入的。带有天线的系统电磁干扰大都是天线发射和接收造成的，接收机绝大部分干扰是从接收天线引入的。

（4）探测系统和电气系统（如斩波器、电源装置等）混装在一起时，往往是电气系统干扰探测系统。

（5）控制系统和武器系统中的敏感、低电平或低工作电压装置易受到辐射和传导干扰产生误动作或性能降低。

（6）由许多设备、系统组成的大型复杂系统，如陆、海、空移动平台和固定台站，其电磁干扰大都是系统之间或设备之间干扰造成的。

5）电磁干扰抑制措施和电磁兼容性设计有效性检查

（1）检查滤波有效性，如检查滤波特性是否满足要求、选择的滤波器和滤波电路是否适当、安装位置和方法是否正确等。

（2）检查屏蔽有效性，如检查系统、设备、电子线路和元器件的屏蔽措施是否有效、屏蔽特性是否满足要求、屏蔽是否连续等。

（3）检查接地和搭接有效性，如接地系统、接地和搭接方式方法是否合理、接地点是否恰当等。

（4）检查其他干扰抑制措施有效性，如电磁干扰抑制、吸收等措施有效性。

（5）检查频率分配、频率管理、频率选择性、频率带宽等电磁兼容性频域设计有效性。

（6）检查空间布局、方向方位、距离、角度、高度等电磁兼容性空域设计有效性。

（7）检查时间分布、时间选择、时间协调、时统等电磁兼容性时域设计有效性。

（8）检查输出功率、输入灵敏度、幅度选择、门限设置等电磁兼容性电平设计有效性。

（9）检查电磁干扰自适应抑制技术和电磁兼容性自适应管理措施有效性。

（10）检查去耦、隔离、阻挡、软化、吸收、对消、回避等干扰抑制措施有效性。

（11）检查屏蔽、电密封、导电连续性、搭接、接地等工艺结构设计与实施有效性。

（12）检查数字技术、波形和脉冲编码技术、光纤技术等抗干扰措施有效性。

（13）检查系统、设备和电路中采用的抗干扰电路、组件、元器件、材料等有效性。

（14）检查防静电干扰设计有效性。

（15）检查防电磁脉冲设计有效性。

（16）检查防燃油危害设计有效性。

（17）检查防武器装备危害设计有效性。

（18）检查防人员辐射危害设计有效性。

（19）检查电磁兼容性接口设计有效性。

（20）检查软件电磁兼容性设计有效性。

（21）检查电磁环境要求及其特性有效性。

10.3.2　诊断方法和诊断手段

1）电磁兼容诊断方法

（1）干扰响应进推法。从产生干扰响应的装置开始，以辐射方式对与它有联系的设备和系统由近到远进推检查和诊断。

（2）相关普查法。利用干扰三要素之间特殊内在联系和干扰源与接受器之间的相关性，对电磁干扰源进行检查和诊断。

（3）模拟法。模拟电磁干扰源、传输耦合途径和接受器使电磁干扰现象再现或变化，从而做出诊断结论。

（4）替代法。用相类似的系统、设备、电缆、组件插件、元器件等替代被怀疑的诊断对象，以确定干扰源、传输耦合途径和接受器；或者用相类似的干扰源、传输耦合途径、接受器或电磁环境替代，使电磁干扰现象再现、变化或消失，以获得诊断结论。

（5）依次排除（确认）法。采用分区停（通）电法，依次排除（确认）电磁干扰现象，从而做出诊断结论。

2）诊断手段

（1）自诊。不依赖仪器仪表或实验室设备进行电磁干扰诊断。

（2）互诊。利用现有系统、分系统和设备相互诊断。例如，利用灵敏电子设备诊断电气装置产生的电磁干扰，利用接收系统诊断本地发射机辐射干扰等。

（3）仪表诊断。主要是借助仪器仪表或实验室设备对电磁干扰进行诊断。通用仪器仪表和实验室设备以及电磁干扰测试系统均可用于电磁干扰诊断。采用仪表诊断时要注意以下几点。

① 正确选择判断诊断界面是实施电磁干扰诊断有效性的保证。诊断界面应满足以下要求。

a. 能最大限度地显现出电磁干扰特性。

b. 使其上的传感、检测装置不改变被诊断对象的接口特性。

c. 不应对原有电磁场结构产生影响，以免造成诊断失误和失真。

② 用于诊断的仪器仪表和实验室设备以及电源导线电缆等，不应引入新的电磁干扰。

③ 测试仪器仪表和实验室设备应满足诊断要求，能正确反映电磁干扰特性。

（4）计算机仿真法。用计算机和软件对电磁干扰进行分析判断。该方法也可用于电磁干扰诊断结果评估。

① 建立系统、分系统、设备和电路的电磁干扰诊断数学模型,使之含有必要的电磁干扰源、传输耦合途径和接收器以及敏感度门限或判据指标等。

② 根据数学模型编制电磁干扰诊断软件。对于复杂系统电磁干扰诊断软件可采用数据库技术并实现智能化。

③ 诊断开始输入计算机的频域、空域、时域和电平等数据具有高逼真性。

10.3.3 应用实例分析

下面介绍无人机电磁兼容工作中的实际例子。

例 10 − 1 某型空中飞行模拟器在进行地面电磁干扰试验时发现,机上 VHF 电台发射时驾驶杆有打杆现象,平尾发生误摆动,但驾驶舱内无人触动驾驶杆。

空中飞行模拟器是由人工感觉、气动变稳、跟踪显示、数据采集分系统等组成的单点接地电子计算机系统。加强杆距马刀天线很近,因此首先从驾驶杆查起,发现其上杆力传感器互连线屏蔽套未接地。将其接地后,电台再次发射时驾驶杆和平尾误动幅度有所减小。沿杆力传感器互连线查询,穿舱至机头部电子设备舱,发现杆力放大器(1000 倍)屏蔽和接地不良,且有一段互连线同电台射频电缆平行靠近。将其单独走线,使其远离电台线射频电缆,同时改进杆力放大器的屏蔽和接地,误动现象明显减小。

经分析认为,单点接地系统抗射频干扰能力差,电台发射信号经互连线等耦合进入杆力放大器,干扰杆力传感器信号,从而产生误动作。采取多种措施后驾驶杆和平尾误动现象消失。这些措施包括:在杆力传感器和穿舱端口之间多点接地,并加强有关部位屏蔽;改善杆力放大器屏蔽和接地效果,使电子舱内互连线远离电台射频电缆;采用双层屏蔽射频电缆等。

例 10 − 2 某遥测车的车载 HF 或 VHF 电台在发射时,对遥测系统产生明显干扰。电台在不发射时,遥测系统仍有不稳定的干扰出现。

采用相关普查法进行电磁干扰诊断。分别在遥测车 HF 电台、VHF 电台、遥测天线、遥测接收机电源线和终端机电源线上串接双定向耦合器,用频谱分析仪对 5 个双定向耦合器输出信号进行监测和相关分析,发现 HF 电台有较宽的非线性干扰落入遥测 VHF 频段内,HF 电台双定向耦合器输出证明该非线性干扰是 HF 鞭状天线锈蚀产生的;VHF 电台天线因距遥测天线很近而可能产生邻道干扰;遥测接收机电源线和终端机电源线上同时出现不稳定的宽频谱干扰,致使 HF 和 VHF 电台不发射时遥测系统出现不稳定干扰。进一步检查发现,终端机电源部分有不稳定的打火放电现象,这是不稳定干扰的根源。将终端机电源部分改进后打火放电消失,不稳定干扰消除。更换和维修 HF 电台天线锈蚀部分后,HF 电台干扰问题基本解决。对 VHF 电台天线进行重新布置,安装在一个经反复试验干扰最小的最佳位置,并合理选择波道后,电磁干扰问题也得到妥善解决。

第 11 章　无人机系统电磁环境效应试验

电磁环境效应试验与第 10 章谈到的电磁兼容性试验是一致的,只是前者通常是以预期电磁环境(产品整个寿命周期中各种可能遭遇的电磁环境)为试验背景,对系统的整体性能进行检验,且重点考察系统对环境的适应能力(或抗干扰性能)。

按试验"逼真"程度,电磁环境效应试验通常可分为两类。

一类是依据试验对象的实际应用环境,如实地再现其电磁相互作用过程,以检测系统的电磁环境适应能力。这类试验需事先明确构成实际电磁环境的各干扰源的具体数目、空间位置关系以及完备的干扰性能参数和相互作用方式等。很明显,对一般意义上的电磁环境效应而言,这是很难做到的,因此在实际中,这类试验主要应用于系统内若干子系统间的相互作用,以及针对应用环境中某些完全确知的人为电磁发射源的适应性等。同时可以看到,该类试验的场景通常是依照实际使用环境布置,并全部采用真实的系统和干扰设备。

另一类是根据对象预期使用环境和相互作用的主要电磁特征,通过替代或模拟试验手段,检测系统及其关键部件的电磁环境适应能力。由于试验的内容是以电磁环境主要电磁特征为检验对象,因而,这类试验的适用面较前一类更为广泛,几乎涵盖了电磁环境效应试验的全部。也正因如此,当今武器装备系统的电磁环境效应试验大多采用此方式。

11.1　电磁环境效应试验

电磁环境效应试验属于电磁仿真试验范畴,其置信度的高低取决于电磁环境仿真的"逼真"程度与相互作用过程分析的正确与否。为此,提供能最大限度地反映环境电磁特征的试验装置、试验场地以及采用恰当的试验方法,成为确保电磁环境效应试验有效性的基本条件。由此可见,电磁环境效应试验的建立应重点考虑以下因素。

(1)预期电磁环境的构成及其主要电磁特性。

(2)被试系统的工作状态与使用模式。

(3)试验装置与电磁环境的可模拟性。

（4）被试系统与电磁环境间的主要耦合途径。

（5）系统检测与效应判决准则。

从试验方法、系统结构和实现手段看，仿真试验可分为以下几类。

（1）数学仿真：实际系统全部由数学模型代替，并把数学模型变成仿真模型，在计算机上对实际系统进行研究的过程。

（2）物理仿真：又称为物理效应仿真，研制某些硬件结构（实体模型），使之可重现系统的各种状态，而不必采用昂贵的原型。

（3）半实物仿真：又称硬件在回路中仿真。在系统研究中，把数学模型、实体模型（物理效应模型）和系统的实际设备（实物）联系在一起运转，由此组成的仿真系统。

具体而言，在电磁环境效应试验中，试验对象多采用真实的系统或实体模型，模拟电磁环境由满足要求的试验装置产生，而对于试验方法则需根据试验对象的规模、工作模式以及与环境的相互作用过程而定。当被试系统规模较小，工作模式易于实现，试验装置所产生的环境能真实地反映实际情况时，可采用将被试系统直接置于试验装置的作用下，以观察系统的反应；否则，应在对被试系统详细分析的基础上，利用一些等效方法进行间接试验。通常，这种方法也是实验室条件下完成武器装备系统电磁环境效应试验的有效途径。

从上面分析可以看到，直接试验方法虽然能较为直观地反映被试系统的电磁环境适应能力，但其也存在着较多的局限性。首先，为了满足要求，常需建立较大规模的试验系统，投入费用昂贵，而且被试系统的工作模式或与环境的相互作用过程等受到了极大的限制，不能完整地反映对预期各种电磁环境的适应情况，尤其很难反映动态的性能变化，而动态变化对于诸如飞机、导弹等飞行器的战场电磁环境适应能力的检验往往是十分重要的。因此，采用一些灵活间接的试验方法能较好地实现武器装备系统在各种工况下的电磁环境效应试验。下面以无人机战场环境适应性的电磁仿真试验为例，说明如何借助半实物仿真理念实现电磁环境效应试验。

11.2 基于战场环境适应性的无人机电磁仿真试验

现代战争中，一个战区范围内可能部署着数以千计的各种警戒、搜索、跟踪、制导等敌我双方雷达，再加上通信、人为和自然电磁干扰等，就构成了异常复杂的电磁环境。无人机作为现代战争中一种有效的侦察、攻击手段，不可避免地要经受这样的电磁环境，尤其对于中低空（几千米以下）飞行的战术无人机而言更是如此。

由于电磁环境的复杂性，一方面，要想完全真实地进行全实物仿真，不但非常困难且需要庞大的经费支持;另一方面,无人机系统的复杂性和耦合途径的多样性,使得精确建立数学模型也十分困难,导致全数字仿真无法完整、真实地反映现实。于是,通过分析可能遭遇的各种电磁威胁,运用半实物仿真技术,将实物仿真与数字仿真有机结合,能够较为全面地反映系统对电磁环境的适应能力,并可大大节约开支。

1)电磁信号模型

对基于环境适应性的战场电磁信号的描述,不同于电子战仿真中对信号的描述,因为无需过多关注信号细节,而主要考虑电磁信号的频谱分布和在无人机任务飞行剖面的空间能量分布。

电磁信号强度与战区部署的辐射源密度、相对位置、辐射强度、辐射源工作方式等有关。于是,辐射源电磁信号传播到飞行剖面处的传递函数可表示为

$$H(\theta,\varphi,r,f,t) = \frac{F(\theta,\varphi)M(t)}{4\pi r^2 L(f)} \tag{11-1}$$

式中:r 为辐射源与无人机相对距离;$F(\theta,\varphi)$ 为辐射源方向性因子;$M(t)$ 为辐射源扫描方式因子;$L(f)$ 为大气传播损耗。

对于单个辐射源,在飞行剖面的电磁信号功率密度可表示为

$$S_d = P_t G_t H(\theta,\varphi,r,f,t) = \frac{P_t G_t F(\theta,\varphi)M(t)}{4\pi r^2 L(f)} \tag{11-2}$$

式中:P_t 为辐射源辐射功率;G_t 为辐射源天线增益。

对于 N 个辐射源,电磁环境综合电磁信号强度为

$$S_{td} = \bigcup_{i=1}^{N} S_{id} = \bigcup_{i=1}^{N} \frac{P_{it} G_{it} F_i(\theta,\varphi)M_i(t)}{4\pi r_i^2 L_i(f)} \tag{11-3}$$

如采用电场强度表示,可换算为

$$E = \sqrt{S_d \eta_0} \tag{11-4}$$

式中:η_0 为自由空间波阻抗,$\eta_0 = 120\pi \approx 377\Omega$。

电磁信号频谱包括辐射信号载波、可能的捷变频、各种调制带宽以及频率的抖动等,可表示为

$$f_{RF} = f_0 + \Delta f \cdot \prod(-1,1) + \Delta f_{mod} \cdot \prod(-1,1) + \delta_{RF} \cdot \prod(-1,1) \tag{11-5}$$

式中:f_0 为辐射信号载波频率;Δf 为可能的捷变频;Δf_{mod} 为辐射信号调制带宽;δ_{RF} 为信号载频抖动与漂移;$\prod(-1,1)$ 表示在 $(-1,1)$ 内均匀分布。

2)电磁仿真

传统的电磁环境仿真均采用全实物仿真模式,需选用覆盖频率范围的大功率发射设备和相对空旷的试验场地。由于战场电磁信号复杂多样,频谱分布广,

强度随飞行剖面变化大,电磁威胁源密度高且相对分布不确定等,造成全实物仿真实现非常困难,因为全实物仿真一方面需配置大量仪器设备,另一方面也无法动态地仿真无人机在飞行过程中所遭遇的电磁威胁。

根据前面分析,外界电磁环境对无人机性能的影响,其干扰途径最终可归结为天线端口和机载电缆,因此,对无人机全实物电磁环境仿真,可以转化为图 11 -1 所示的基于环境适应性的半实物电磁仿真。一方面节省了试验设备,另一方面能较为全面地反映无人机在飞行过程中所遭受的电磁威胁以及对系统性能的影响。

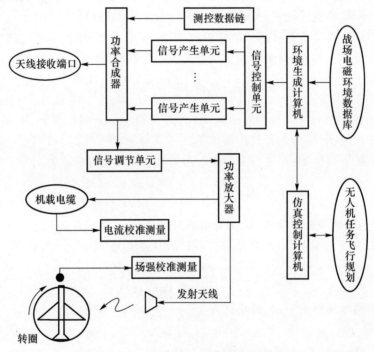

图 11 -1　无人机半实物电磁仿真框图

从图 11 -1 中可以看到,无人机半实物电磁仿真由三部分构成:天线接收端口的直接信号注入、机载电缆的直接传导注入和环境电磁场模拟。三部分共用一个综合环境电磁威胁信号生成源,该信号源基于无人机任务飞行规划和战场电磁环境数据库,可以实时动态地生成各任务飞行剖面处的电磁环境,全面反映无人机在飞行过程中所遭受的电磁威胁。另外,根据不同的应用对象和仿真要求,各部分可单独使用。例如:对于全金属机身的无人机,只需采用天线接收端口的直接信号注入方法;而对于采用复合材料的无人机,则还需要考虑另外两部分。

天线接收端口的注入信号功率应为

$$P_{\mathrm{r}} = A_{\mathrm{e}} S_{\mathrm{td}} \tag{11-6}$$

式中:A_{e} 为天线有效面积;S_{td} 为天线处总信号功率密度。由(11-3)可知

$$P_{\mathrm{r}} = A_{\mathrm{e}} T_{\mathrm{td}} = \bigcup_{i=1}^{N} \frac{A_{\mathrm{e}} P_{\mathrm{it}} G_{it} F_i(\theta,\varphi) M_i(t)}{4\pi r_i^2 L_i(f)} \tag{11-7}$$

它反映了无人机在飞行过程中,从其天线可能馈入的最大电磁威胁信号的实时变化。

在低频段($f < 1\mathrm{GHz}$),辐射天线效率低,为了产生要求的模拟场强,往往需要大功率功放支持,环境场难以达到模拟自由空间场的目的。为了克服这一困难,可以用传导注入法替代辐射照射法。

传导注入技术有多种方式,如电流钳、电磁钳以及耦合/解耦网络等,前两种为感性耦合,不用破坏线缆,后一种为容性耦合,需接入线缆中。采用传导注入法进行电磁仿真的依据是,环境电磁场对飞机的作用,可用机载电缆耦合的感应电流来表征,如以电缆一端为原点,沿电缆方向为 z 坐标,则耦合外界电磁场的感应电流可表示为

$$I(z,f) = 2\left\{ \frac{Z_{\mathrm{C}}\cos\beta(l-z) + \mathrm{j}Z_{\mathrm{L}}\sin\beta(l-z)}{Z_{\mathrm{C}}D} \cdot \int_0^z E(z,f)\left[Z_{\mathrm{C}}\cos\beta z + \mathrm{j}Z_0\sin\beta z\right]\mathrm{d}z + \right.$$

$$\left. \frac{Z_{\mathrm{C}}\cos\beta z + \mathrm{j}Z_0\sin\beta z}{Z_{\mathrm{C}}D} \cdot \int_z^l E(z,f)\left[Z_{\mathrm{C}}\cos\beta(l-z) + \mathrm{j}Z_{\mathrm{L}}\sin\beta(l-z)\right]\mathrm{d}z \right\}$$

$$\tag{11-8}$$

式中:$D = (Z_{\mathrm{C}}Z_0 + Z_{\mathrm{C}}Z_{\mathrm{L}})\cos\beta l + \mathrm{j}(Z_{\mathrm{C}}^2 + Z_0 Z_{\mathrm{L}})\sin\beta l,\beta = \dfrac{2\pi}{\lambda}$;$E(z,f)$ 为沿电缆走向的入射电场分量;$Z_{\mathrm{C}} = 276\lg\left(\dfrac{2b}{a}\right)$ 为线缆等效特征阻抗,其中 a、b 分别为线缆直径和到参考接地面距离的两倍;Z_0、Z_{L}、l 分别为线缆的源、终端负载和遭受电磁场照射的线缆长度。

另外,由于飞机姿态与电磁波入射角度的不确定,为简化,一般可采用包络表示式,如 IEMCAP 软件中的场线耦合模型为

$Z_0 > Z_{\mathrm{C}}$ 时,有

$$\begin{cases} |I_{\mathrm{L}}'| = bX\left|\dfrac{Z_0 + Z_{\mathrm{C}}}{Z_{\mathrm{C}}(Z_0 + Z_{\mathrm{L}})}\right|, & X \leqslant \left|\dfrac{2Z_0}{Z_{\mathrm{C}} + Z_0}\right| \\[4mm] |I_{\mathrm{L}}'| = 2b\left|\dfrac{Z_0}{Z_{\mathrm{C}}(Z_0 + Z_{\mathrm{L}})}\right|, & X > \left|\dfrac{2Z_0}{Z_{\mathrm{C}} + Z_0}\right| \end{cases} \tag{11-9}$$

$Z_0 < Z_{\mathrm{C}}$ 时,有

$$
\begin{cases}
|I'_\mathrm{L}| = bX \left| \dfrac{Z_0 + Z_\mathrm{C}}{Z_\mathrm{C}(Z_0 + Z_\mathrm{L})} \right|, & X \leqslant \left| \dfrac{2Z_\mathrm{C}}{Z_\mathrm{C} + Z_0} \right| \\[4mm]
|I'_\mathrm{L}| = 2b \left| \dfrac{1}{Z_0 + Z_\mathrm{L}} \right|, & X > \left| \dfrac{2Z_\mathrm{C}}{Z_\mathrm{C} + Z_0} \right|
\end{cases}
\tag{11-10}
$$

式中:b 为线缆到参考接地面距离的两倍;$X = 2\pi \dfrac{l}{\lambda}$,其中 λ 为波长,l 为暴露的线缆长度。

这样,单位场强在负载 Z_L 端的感应电流为

$$
|I_\mathrm{L}| = \min[\,|I'_\mathrm{L}|, I_\mathrm{Bound}\,]
\tag{11-11}
$$

式中:$I_\mathrm{Bound} = \dfrac{\max\left[\dfrac{\lambda}{\sqrt{4\pi}}, l\right]}{\sqrt{377 \times R_\mathrm{e}(Z_\mathrm{L})}}$。

对于 $f \geqslant 1\mathrm{GHz}$ 信号的电磁仿真,除继续采用天线接收端口注入方法外,可采用环境电磁场模拟法,用辐射天线向无人机照射,同时为全面反映无人机除天线端口外的环境电磁响应,一方面应将飞机置于旋转的转台之上,另一方面要将天线接收端口封闭,或用电缆接入灵敏度电平的接收信号。

仿真电磁环境区域的大小,由战场电磁环境数据库和无人机任务飞行规划决定。如已知无人机飞行高度为 $H(\mathrm{km})$,对地视场角为 2α,则视场角对应的地球表面大小为

$$
S = 2\pi R^2 \left(1 - \cos\left\{ \arcsin\left[\left(1 + \dfrac{H}{R} \right) \sin\alpha \right] - \alpha \right\} \right)
\tag{11-12}
$$

式中:R 为地球平均半径(6371km)。

由飞行航程坐标和环境数据库,可以得到最大的对应地面区域和相应电磁辐射源信息;同时,根据辐射源辐射功率和仿真门限,可确定仿真电磁环境区域的大小。

3) 具体实现

从图 11-1 可知,仿真计算机控制着整个仿真过程,并作为用户的人机交互界面,环境生成计算机则根据仿真计算机给出的飞行轨迹以及环境数据库,产生用于生成环境电磁信号的控制代码,控制信号产生单元输出所需的电磁信号。

基于环境适应性的电磁仿真过程如图 11-2 所示。首先,从任务飞行规划和战场电磁环境数据库,根据式(11-12)计算出仿真电磁环境区域大小,全面了解无人机飞行剖面可能遭遇的各种电磁威胁信号,及其与各电磁辐射源间的相对位置关系。根据此位置关系以及各辐射源的性能、辐射强度、工作方式等,环境生成计算机按式(11-6)、式(11-1)和式(11-4),实时计算各电磁信号到达飞行剖面处的功率密度和天线接收端口强度,通过信号控制单元,驱动 N 个并

行信号产生单元和功率合成器,实时生成无人机遭受的综合电磁环境动态信号。

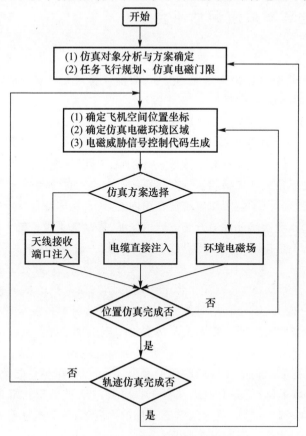

图 11 - 2　无人机电磁仿真过程

对于电缆直接注入,由仿真控制计算机按照飞机所处的电磁环境,通过环境生成计算机、信号产生单元、功率合成器、信号调节单元、功率放大器、电流注入钳等,将模拟环境信号注入飞机系统中,并根据式(11 - 9)至式(11 - 11)计算出的电流为检测目标,实时调节环路。

环境电磁场模拟,与电缆直接注入法的仿真过程基本相同,只是针对辐射源与飞机相对位置关系的不同,需要实时调整相应辐射源的功率大小等参数。

同时也可以看到,该半实物仿真系统的主要关键技术是:建立完整的战场电磁环境数据库,选用正确的电磁耦合预测模型,以及提供满足技术指标的信号产生单元等。其中电磁预测模型需依具体情况而定,如场线耦合模型,它与线缆类型、负载特性、接地情况、耦合机理以及照射场特性等有着密切的关系,出现了像IEMCAP、Smith 等许多实用的计算模型,且此类研究目前仍然在继续,因此,仿真时需视情况选用合适的模型。

11.3　电磁环境效应评估平台

现代武器装备系统大多在非常复杂的环境中工作。复杂电磁系统的分析与综合,电磁场与复杂目标相互作用的分析,要建立在对复杂系统的电磁特性进行严格电磁仿真的基础上。

电磁波干扰电子设备主要通过两条途径:一是通过雷达、通信机的天线直接进入电子设备;二是通过机箱上的孔、缝等进入电子设备。第二种比第一种更普遍存在,无论电子设备是否具有天线系统,由于通风孔、操作按钮、观测仪表等的存在,因此其外壳不是完全屏蔽的。研究机箱的抗电磁干扰性能就是要对各种孔、缝的耦合能力做出估计,了解干扰电磁波在箱内的分布,从而在设计中使箱内电路和器件的布局合理,使敏感元件避开场的峰值区域,提高电子设备抗干扰能力。

尽管在机箱抗电磁干扰性能研究方面已有较大进展,但许多问题仍未解决。例如,实际应用中会遇到不同的机箱形状、尺寸、开孔大小、开孔方位以及不同的箱内电路和器件布局(对电磁波相当于不同的异物加载),这些因素的改变会导致箱内耦合场分布的改变。如何找到一种对结构及材料的变化适应性强、能考虑多耦合元素综合效应的计算方法来仿真模拟电磁耦合是需要研究的内容。

应用计算电磁学的理论与方法,研究电子设备机箱的抗电磁干扰性能,建立各种复杂机箱孔缝结构电磁性能的理论模型,通过严格的数值仿真分析,再现其在电磁干扰环境下的行为和规律,预测干扰电磁波通过机箱孔缝进入电子设备的可能性及影响程度,探索新的抗电磁干扰加固途径,可为电子设备的电磁兼容设计提供可靠的理论依据和设计数据。

现代电磁场工程设计,尤其是复杂系统的电磁场工程设计,大多需通过计算机辅助设计(CAD)进行。这一设计过程往往是一个优化过程。大多数优化过程是基于迭代技术的,在优化过程中,一个目标函数将大量重复地被在线计算,直到最后收敛获得一个最佳值。收敛所需的在线计算时间强烈地依赖于每一次目标函数计算所需的时间,即依赖于 CAD 模型的计算效率和运行时间。因此,面向 CAD 优化过程的电磁建模是一项非常重要的工作,准确地模拟所要解决的电磁问题,必须采用基于全波分析的电磁仿真技术。

下面以无人机系统为例,简单论述如何进行电磁环境适应性分析及电磁仿真的研究。在系统预期电磁环境、系统分析模型和系统评估准则等基础之上建立一种虚拟测试平台。

11.3.1　系统电磁效应分析模型

如前所述,无人机系统的电磁环境效应是依据所涉及的电磁干扰源、耦合途径和敏感端口等环节进行综合分析的。

飞机动力点火装置、机载测控发射设备、具有大电流变化与断续触点的执行装置、大电流逆变电源和开关电源、高中频数字电路以及具有类似电路结构和无线电发射的任务载荷等，战场部署的各种人为电磁辐射、雷电和静电以及核爆或非核武器引发的电磁脉冲等，都可能是无人机所要面临的干扰源；在耦合途径中，天线间、场与线缆、线缆间以及机体缝隙和口盖耦合是最主要的几种类型；对于敏感端口，除机载设备所具有的数字、低频模拟以及电源端口外，机载天线端口是最主要和最敏感的，它在一定程度上能最大限度地反映无人机对战场电磁环境的适应能力。

为便于分析，可将系统等效为一个多端口网络，如图 11 - 3 所示，系统中或预期使用电磁环境中的各种干扰源等效为发射端口，系统中的感受体、敏感电路或电磁耦合端等效为接收端口。与实际系统相对应，一个电磁发射设备可能具有多个发射端口，同样地，一个电磁敏感设备也可以具有多个接收端口，有时同一设备往往既有发射端口又有接收端口。另外，从系统模型中可以看到，一个接收端口可能受到多个发射端口的作用，一个发射端口也可以同时作用于若干个接收端口，在进行系统模型分析时，为了简化复杂程度，一般假设耦合传递过程是一个线性过程，作用于同一接收端口的各发射源间是线性无关的。各辐射端口经各自的空间传输以及与机体的耦合环节，作用于各接收端口，综合影响系统性能，从而构成武器装备系统的电磁环境效应系统分析模型。

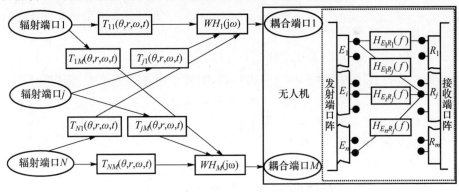

图 11 - 3　电磁环境效应分析模型

由模型可知，第 k 个端口处耦合外部电磁信号功率可表示为

$$\text{Pow}_{ck}(\text{j}\omega) = \sum_{i=1}^{N} \text{Pow}_{it} \cdot G_{it} \cdot T_{ik}(\theta, r, \omega, t) \cdot WH_k(\text{j}\omega) \quad (11 - 13)$$

式中：$T_{ik}(\theta, r, \omega, t)$ 为第 i 个辐射源信号到无人机飞行剖面处的传输函数；$WH_k(\text{j}\omega)$ 为外部电磁环境与无人机第 k 个端口间的耦合函数；Pow_{it} 为第 i 个辐射源输出功率；G_{it} 为第 i 个辐射源等效发射天线增益。

于是,第 R_i 个等效接收(敏感)端口接受总电磁信号为

$$\mathrm{Pow}_{R_i}(\mathrm{j}\omega) = \sum_{j=1}^{M} \mathrm{Pow}_{cj}(\mathrm{j}\omega) \cdot H_{jR_i}(\mathrm{j}\omega) + \sum_{k=E_1}^{En} W_k(\mathrm{j}\omega) \cdot H_{kR_i}(\mathrm{j}\omega)$$

$$(11-14)$$

式中:$H_{jR_i}(\mathrm{j}\omega)$ 为第 j 个耦合端口对第 R_i 个接收端口的传递函数;$W_k(\mathrm{j}\omega)$ 为无人机本体等效电磁发射端口的发射功率;$H_{kR_i}(\mathrm{j}\omega)$ 为本体第 k 个发射端口对第 R_i 个接收端口的传递函数。

11.3.2 电磁环境效应评估平台

基于模型和准则的计算法评估系统借助计算机辅助工程(CAE),构造了一个"虚拟"的测试平台,它可根据评估对象的工作模式与具体电磁环境,利用相应信号、耦合及端口敏感模型,系统分析和评价对象性能是否产生不应有的降低,从而判断无人机能否适应这一特定电磁环境要求。同时,由上面分析可知,飞机结构与材料特性、机载设备布局及相互间连接关系等,都可能直接影响无人机电磁环境效应分析结论的置信度,为此,构造"真实"的评估对象和检测场景是十分重要的。

图 11-4 所示为一典型的无人机电磁环境效应评估系统,它是在数据库技术基础上采用模块化结构,可根据分析对象要求进行组合配置。通过选择工作方式、设备和任务要求,既可以对飞机电磁环境中各设备间的电磁兼容性进行分析,也可以依据飞机的任务规划和航路电磁环境,对其外部电磁环境的适应能力进行综合评价。

评估系统由用户接口、系统建构、系统评估和性能检验等几大部分组成。

用户接口是评估系统的输入输出端口,对评估对象设备组成、应用选择、系统工作模式等进行详细的定义和说明,并可根据要求以多种形式输出评估报告。为了完整、真实地反映评估对象,用户接口由多个数据库提供支持,包括任务要求及飞行航路、装载设备、适用平台、工作模式、系统构建、图形以及知识更新等。

系统构建是由 CAD 图形系统对设备进行可视化定位,并借助精密模型生成系统构造评估对象和分析场景,确定待评估系统各设备间的相对几何位置关系和结构特性。然后,对构建的待评估系统进行电气性能仿真和机械力学分析,以保证系统构建正确有效,消除因结构、几何位置关系失真等给评估带来的偏差。

系统评估是针对系统构建模块生成的目标平台和待评估场景,结合无人机的任务飞行规划和航路电磁环境,由电磁干扰分析预测模块,利用相应的干扰、耦合、敏感端口和系统分析模型,计算和分析系统可能产生的电磁效应,比对性能检测模块提供的性能数据,依据评估准则进行综合评价,最终生成无人机电磁环境效应的评估报告。

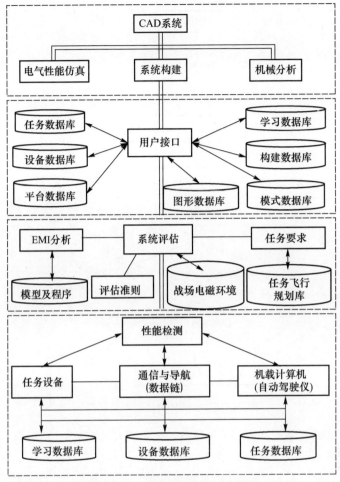

图 11 - 4　电磁环境效应评估系统

性能检测是利用系统评估模块计算的结果,参照设备的测试或分析数据,确定设备性能遭受影响的程度。待评估系统(如航电系统)内的每种设备都有对应的性能检测模块。设备电磁干扰和性能检测数据库对于系统电磁环境效应评估是至关重要的,这些数据是通过实际测量或分析计算获得的。而对于一些新研制电子设备,由于没有完整的测试数据和分析结果,这时可采用国军标 GJB 151A/152A(MIL - STD - 461)标准中机载电子设备的电磁干扰或电磁敏感度限制线所要求的数据,作为系统分析评估的默认参数。

11.3.3　电磁环境效应评估流程

图 11 - 5 给出了一个典型电磁环境效应评估流程。由图可知,首先用户需详细分析待评估系统,确定系统的目标平台结构和系统工作模式,由系统构建模块生

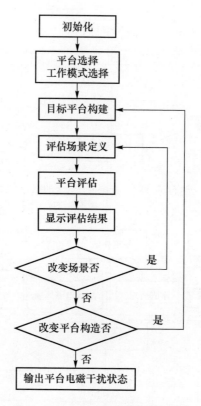

图 11 - 5　电磁环境效应评估流程

成目标平台的几何结构外形和系统设备的位置相互对应关系,然后借助设备库,依据要求工作模式形成评估场景,最后由系统评估模块完成特定场景下的评估;不断改变场景和目标平台,直至待评估系统被完整反映出来为止。评估场景一般可选择两设备一一对应,也可选择多部设备对一部设备的影响,表 11 - 1 给出了最终评估报告中,相对于设备一一对应场景下,电磁环境效应状态矩阵的输出格式。

表 11 - 1　电磁环境效应状态矩阵

设备		发射设备					
		设备 1	设备 2	设备 3	设备 4	设备 5	设备 6
敏感设备	设备 1	N					
	设备 2		N				
	设备 3	A		N			
	设备 4		B		N		
	设备 5			C		N	
	设备 6						N
注:A—相互干扰;B—需进一步分析;C—相互兼容;N—不适用							

11.3.4 电磁环境效应评估平台的关键技术

电磁环境效应评估平台是全数字、"虚拟"测试平台,其目标平台、系统场景等均是在大量各式数据库的支持下,由 CAD 等图形工具构造,并经电磁环境分析预测软件计算完成的。因而,系统评估置信度的高低最终取决于模型的好坏(包括:目标平台和场景构建是否准确,设备干扰、敏感、电磁环境以及各种耦合模型是否精确,各种边界条件的考虑是否全面等),其中任何一个环节的失真都可能导致评估结果的偏离。数据库作为评估系统的基础,极大地影响着系统的性能,尤其在实时性、完整性和评估结果的真实性、可靠性等方面将起到重要的作用。由此可见,电磁环境效应评估平台的关键技术主要表现在以下几个方面。

(1)分析场景构建。根据分析对象的构造、结构特点、设备布局、预期电磁环境等,如何精确建立场景中各构件相互间的几何位置关系,构件的机械电气性能,以及针对电磁效应而对应的分析对象的各种边界条件定义。

(2)电磁预测模型建立。针对评估对象应用频率范围、电磁信号特征、时间和空间因素等,提供满足系统要求的分析模型。它涉及评估系统及各分析场景中所包含各主要电磁干扰、耦合模型以及对象所对应电磁敏感模型的建立。

(3)评估准则研究。根据不同目的、针对不同对象,建立能最大限度反映电磁环境效应的检验方法和评价依据。

(4)数据库技术综合应用。这不仅是如何设计和建立适用于电磁环境效应评估平台的数据结构和数据库系统,更为重要的是相关数据的收集、积累和提炼。

表 11-2 介绍了几种应用于电磁环境效应评估的电磁干扰预测分析模块的典型特点。

表 11-2 典型干扰预测与分析模块性能简介

项目	IEMCAP	AAPG	BSC	GEMACS	GTRI-AACIM
解决问题	系统内的电磁兼容性分析	机载天线间的耦合分析	散射与机载天线特性计算	复杂系统辐射与散射特性分析	自由空间与沿曲面的天线耦合
频率范围	线缆分析: 30Hz~1GHz 天线分析: 150MHz~18GHz	150MHz~15GHz	>300MHz	矩量法: <100MHz 几何绕射法: >300MHz	几何绕射法: >300MHz 弗里斯(Friis)方程: $f < rc/2d^2$

项目	IEMCAP	AAPG	BSC	GEMACS	GTRI – AACIM
λ/d 或 λ/l 限制	分析间距：远场条件		平板边缘、源与介质层间距、天线与边缘间距、柱体半径等，均大于 λ	GTD 平板：$>\lambda$ FD 网格：$<\lambda$ MOM 线段：$<0.14\lambda$ 散射中心间隔：$\geq\lambda$	分析间距：远场条件
分析方法	耦合分析：Friis 方程	一致性绕射理论，精度不大于 3dB	几何绕射法	矩量、几何绕射、有限元法	几何绕射法、Friis 方程
分析结构	飞机：带平板机翼、圆锥形机身柱体。天线间耦合：仅考虑导电平面之上	带锥形机身的圆柱体、平板机翼与尾翼、3 个或 4 个肋板	多肋的平板机翼、椭圆柱体机身、薄介质层	矩量法：薄线和面元 几何绕射法：平板、椭圆柱体	自由空间、圆柱面
分析能力限制	没有限制	平板数：2～10 收发信机≤50 每个收发信机的收、发端口≤5，天线端口≤10	14 个平板、每个最多 12 个边，介质层数最多 5 层，最多 30 个发射、接收端口	矩量法：9000 剖分段和面元 几何绕射法：10 个柱体、51 个具有最多 16 顶点的平板	没有限制

11.4　电磁环境效应评估准则

通常检验电磁环境效应的依据是电磁兼容性标准，但由于标准所反映的非特异性和缺乏与实际环境一致性等原因，使得在工程应用上常发生部件试验与系统分析或试验结论不一致的现象，且目前的标准多是针对设备制订的，尚没有可以操作的系统试验方法和判断依据，使其无法直接应用于武器装备系统对象的电磁效应评估中。因而，在现有标准基础上，如何建立针对性的系统电磁环境效应评估准则，就成为评估系统研究中需要解决的关键问题之一。

另外，由于电磁环境的复杂性和施加影响的不确定性，使得武器装备系统电磁环境效应评估常需要针对其用途、结构特点与对预期电磁环境的认识程度和先验知识，从不同层次、运用不同准则进行分析，这样才能较为全面、客观地反映和评价武器装备系统的电磁环境适应能力。与环境特性相对应，评估准则可分为两大类，即基于确定性电磁环境特征的系统和设备性能评估准则，以及基于随机性环境特征的统计分析评估准则。下面以无人机系统为对象进一步阐述电磁环境效应评估准则所涉及的具体内容。

11.4.1　系统评估准则

系统评估准则是以武器装备系统整机作为检验对象,在其任务或飞行剖面,对武器装备系统预期电磁环境,依据相关电磁兼容性标准或系统要求,对被评价系统、分系统以及关键设备所处电磁环境下的效应进行评估,判定综合电磁环境强度能否满足武器装备系统的设计要求。在具体实施时,对于缺乏预期电磁环境具体参数的情况,可直接利用一些电磁兼容性标准规范,如国军标《军用设备和分系统电磁发射和敏感度要求》(GJB 151A—97)要求的200V/m电场强度以及国军标《系统电磁兼容性要求》(GJB 1389—92)规定的6dB或20dB安全裕度要求等。

通常情况下,为了简化分析,将环境对系统的作用近似看成线性关系,于是多干扰电磁辐射源在任务或飞行剖面产生的综合场强可近似表示为

$$E_{\text{Total}} = (E_1^2 + E_2^2 + \cdots + E_N^2)^{1/2} \tag{11-15}$$

其次,考虑武器装备系统(如飞机机体)具有的屏蔽作用,系统内所感应的环境场强度可近似表示为

$$E_{\text{in}} = \frac{E_{\text{Total}}}{\text{SE}_{\text{shield}}} \tag{11-16}$$

式中:$\text{SE}_{\text{shield}}$为机体屏蔽因子。

于是,可定义系统评估系数为

$$\text{ef}_s = \frac{\text{机内电场强度 } E_{\text{in}}}{\text{标准要求场强 } E_{\text{req}} \times \text{安全裕度 } S_{\text{m}}} \tag{11-17}$$

式中:$\text{ef}_s \geqslant 1$为无人机将遭受电磁威胁,反之则认为安全。

由于武器装备系统装载设备对电磁环境适应的差异性较大,要求的安全裕度也不尽相同,因而在对系统设备或分系统实施评估时,应根据不同的评估对象选用不同的裕度要求。安全裕度是人为设定,并与相应设备、分系统或系统的特性要求、预计故障及危害程度、误差累积、试验状态等因素相关的一个参数。

另外需要说明,系统评估准则不涉及武器装备系统具体的电磁端口,而是将武器装备系统看成一个具有等效屏蔽性能的完整封闭体。而对于那些固有的开放窗口,如天线端口,可进一步利用性能评估准则对其进行分析检验。

11.4.2　性能评估准则

系统评估准则是从宏观的角度或"最坏条件"情况下对系统进行的评价,没有充分考虑系统装载设备的性能,以此为依据不能充分反映设备装置的适应能力,有可能造成系统的"过设计",引起不必要的浪费。为了解决这一问题,引入

了性能评估准则,它是结合系统内关键设备性能,如无人机系统中机载数据链(测控)设备、机载计算机、引信、制导设备等,分析预期电磁环境能否直接对设备性能产生影响。

为了能较好地反映关键设备的性能变化,首先对设备等效接收端口定义一个电磁干扰余量的概念,即在端口接收工作频率上,入射到接收端口的干扰功率与接收端口敏感度电平之比。它反映了干扰对接收端口影响程度的大小。与干扰信号特性相对应,可分成窄带干扰余量和宽带干扰余量两种。

假设第 j 个发射端口与第 i 个接收端口间存在耦合,则该接收端口的窄带和宽带干扰余量定义为

$$m_p^N(f_k) = \frac{\text{Pow}_{jk}^* \cdot H_{ij}(f_k) \cdot r_{ir}}{S_{ir}(f_k)} \qquad (11-18)$$

和

$$m_p^B(f_k) = \frac{\text{Pow}_{ijd}^B}{K_i} = \int_{f_a}^{f_b} \frac{W_{je}^B(f) \cdot H_{ij}(f) \cdot r_{ir}}{S_{ir}(f)} \mathrm{d}f \qquad (11-19)$$

式中:r_{ir} 为第 i 个接收端口的输入阻抗;K_i 为第 i 个接收端口的标准响应;$S_{ir}(f_k)$ 为第 i 个接收端口在 f_k 频率上的敏感电平;$H_{ij}(f_k)$ 为在 f_k 频率上第 j 个发射端口到第 i 个接收端口间的耦合函数;Pow_{jk}^* 为第 j 个发射端口在频率 f_k 的平均功率;Pow_{ijd}^B 为由第 j 个发射端口发送到第 i 个接收端口宽带接收功率;$W_{je}^B(f)$ 为第 j 个发射端口功率谱密度宽带成分;f_a、f_b 为在 f_k 频率处宽带谱的上、下限频率或接收带宽的上、下限。

如果考虑接收端所有干扰频率,则综合电磁干扰余量为

$$m_I = \sum_{k=1}^{M} m_p^N(f_k) + \int_{f_a}^{f_b} \frac{W_{je}^B(f) \cdot H_{ij}(f) \cdot r_{ir}}{S_{ir}(f)} \mathrm{d}f \qquad (11-20)$$

式中:M 为第 i 个接收端口在接收带宽内窄带干扰总数目。

另外,从系统模型可知,一个接收端口可能要受到许多发射端口的作用,且假设各干扰线性无关,则接收端口总的干扰余量为

$$m_T = \sum_{l=1}^{N} m_{ll} \qquad (11-21)$$

式中:N 为可能作用于第 i 个接收端口的发射端口数目。

关键设备的性能评估:分析相应接收端口(如第 i 个端口)总的干扰余量,检测其是否超出该接收端口的安全裕度要求。

于是,可定义有端口性能评估系数为

$$\text{ef}_p = \frac{m_T}{\text{端口安全裕度 } S_m} \qquad (11-22)$$

式中:$ef_p \geqslant 1$ 表示设备将遭受电磁干扰,反之则认为安全。

同时,考虑到干扰源与接收设备的相互作用,在工作时间和空间上具有一定的随机性,如从无人机遭遇地面雷达干扰情况来看,由于雷达信号辐射与机载天线接收具有一定方向性,且雷达始终处于扫描状态,再加上脉冲雷达信号辐射时间上的间歇和接收设备可能采取的指令冗余等,使得式(11 – 22)的性能评价并不十分客观,还有必要针对具体干扰源和接收设备做进一步分析。

例如,对于机载数据链或其他电子设备等效的射频接收端口的分析。由于无人机在飞行过程中与干扰源相对位置关系的不确定,为了简化分析,可假设其作用过程具有有限的状态数 K,且在第 i 个状态的性能状态为

$$z(i) = \begin{cases} 1, & ef_p \geqslant 1 \\ 0, & ef_p < 1 \end{cases} \tag{11 – 23}$$

于是,对于全过程状态,无人机系统的综合性能状态可表示为

$$ZF = \sum_{i=1}^{K} P_i \cdot z(i) = \sum_{i=1}^{K} P_i^t P_i^s z(i) \tag{11 – 24}$$

式中:P_i 为第 i 个状态发生的概率;P_i^t 为瞬时重叠概率;P_i^s 为空间重叠概率。

对于无线电通信设备而言,间歇分布的指数定律在大多数情况下成立,于是

$$P^t = 1 - \bar{\theta}_j \bar{Z}_j \exp\left(-\frac{t_K}{\bar{Z}_j}\right) \tag{11 – 25}$$

式中:$\bar{\theta}_j = 1/(\bar{Z}_j + \bar{t}_j)$ 为第 j 个辐射干扰源开机的平均频率;$\bar{Z}_j$、$\bar{t}_j$ 为第 j 个辐射干扰源开机期间间隔的平均值和时间长度;t_K 为接收设备受干扰的工作时间。

空间重叠与收发天线的相对位移和扫描有关,空间重叠概率依据具体情况分析计算,天线方向图通常可用几个电平(主瓣电平、副瓣电平——旁瓣和尾瓣)来近似,当收发天线随机且相互独立地扫描时,空间重叠概率有以下几种情况。

收发天线主瓣发射和接收的概率为

$$P_{rtm} = P_{rm} P_{tm} \tag{11 – 26}$$

接收天线主瓣(副瓣)与发射天线主瓣(副瓣)重叠的概率为

$$P_{rtms} = P_{rm(s)} P_{tm(s)} \tag{11 – 28}$$

收发天线副瓣重叠的概率为

$$P_{rts} = P_{rs} P_{ts} \tag{11 – 29}$$

式中:$P_{rm(s)}$、$P_{tm(s)}$ 分别为接收天线主瓣或副瓣对准干扰源的概率与发射天线主瓣或副瓣对准飞机的概率。

对在方位面($X-Y$)和俯仰面($Y-Z$)内扫描的天线,其波束空间覆盖率可表示为

$$P^Q = \frac{B_{\theta_{r(t)}}}{360} \cdot \frac{B_{\varphi_{r(t)}}}{90} \qquad (11-30)$$

式中：$B_{\theta_{r(t)}}$ 为接收（发射）水平波束宽度；$B_{\varphi_{r(t)}}$ 为接收（发射）垂直波束宽度。

由于无人机在飞行过程中与干扰源相距一定距离，因而空间重叠概率可主要考虑收发天线主瓣重叠的情况，于是

$$P^s = P_{rtm} P_r^Q P_t^Q \qquad (11-31)$$

将式（11-30）、式（11-25）、式（11-23）代入式（11-24），就可得到无人机全过程状态条件下的端口综合性能状态，将此状态值与阈值进行比较就可判定该端口的预期电磁环境效应。通过对系统所有等效电磁接收端口性能状态的综合，便可确定出在当前评估场景条件下的无人机系统电磁环境适应能力。

11.4.3　基于统计特征的评估准则

设备端口的敏感电平可表示为信号平均功率的函数，当给定信号平均功率 S 时，敏感电平 L 可由它的条件累计概率分布函数 $F_{L/S}(l/s) = P[L \leqslant l/s]$ 决定。由于干扰源、信号源与系统相互关系的不确定性，其平均功率呈现出随机性，可由随机变量 S、I 表示，该随机变量对应的概率密度函数为 $\mathrm{PDF}_S(s)$ 和 $\mathrm{PDF}_I(i)$。

于是在给定信号和干扰的条件下，出现电磁干扰的条件概率分布函数，又称为电磁干扰概率函数，即

$$F_{L/S}(i/s) = P[L \leqslant i/s] = \int_{-\infty}^{i} \mathrm{PDF}_{L/S}(v/s)\,\mathrm{d}v \qquad (11-32)$$

式中：$\mathrm{PDF}_{L/S}(v/s)$ 为敏感电平的条件概率密度函数。

与其相对应，在给定信号和干扰条件下的电磁兼容性概率函数为

$$G_{I/S}(i/s) = P[L > i/s] = 1 - F_{L/S}(i/s) = \int_{i}^{+\infty} \mathrm{PDF}_{L/S}(v/s)\,\mathrm{d}v$$

$$(11-33)$$

那么，在只给定信号 s，干扰未知的情况下，电磁兼容性概率就是所有可能干扰的 $C_{I/S}(i/s)$ 均值，即

$$C_{emc} = \int_{-\infty}^{+\infty} C_{I/S}(i/s) \cdot \mathrm{PDF}_I(i)\,\mathrm{d}i = \int_{-\infty}^{+\infty} \int_{i}^{+\infty} \mathrm{PDF}_{L/S}(v/s) \cdot \mathrm{PDF}_I(i)\,\mathrm{d}v\mathrm{d}i$$

$$(11-34)$$

式中：$\mathrm{PDF}_I(i)$ 为干扰的概率密度函数。

于是在给定信号的条件下，只要知道了设备的敏感电平条件概率密度函数与干扰的概率密度函数，就可以确定该端口所决定的设备电磁兼容概率。

再利用无人机系统分析模型——多端口网络，并由并联系统可靠性数学模

228

型,系统总电磁兼容概率可表示为

$$C_{\text{SEMC}} = 1 - \prod_{i=1}^{N}(1 - C_{iemc}) \qquad (11-35)$$

式中:C_{iemc} 为第 i 个端口的电磁兼容性概率;N 为无人机系统等效的接收端口数。

将 C_{SEMC} 与系统确定的兼容性阈值进行比较,就可对系统的环境适应能力进行统计评估,即

$$\rho_{\text{SP}} = \frac{C_{\text{SEMC}}}{p_0} = \begin{cases} \geq 1, \text{检测门限 } p_0 \text{ 满足要求} \\ < 1, \text{检测门限 } p_0 \text{ 不满足要求} \end{cases} \qquad (11-36)$$

由于接收端口具有频率选择能力和有限接收动态范围,因而对于无人机接收阈值范围内有限数目且相互独立的电磁干扰源,造成的端口电磁兼容性概率可表示为

$$C_{iemc} = \sum_{j=1}^{M} P_j C_{ijemc} \qquad (11-37)$$

式中:C_{ijemc} 为第 i 个端口对第 j 个辐射干扰源的电磁兼容性概率;M 为第 i 个端口感受到的辐射干扰源数;P_j 为第 j 个辐射干扰源在第 i 个端口出现的概率。

综上所述,系统电磁环境效应的统计特性可由系统网络各端口的电磁兼容性概率决定。同时,端口的电磁兼容性概率,又可由端口电磁干扰概率函数或电磁兼容性概率函数、信号平均功率的概率密度函数和干扰平均功率的概率密度函数等决定。因此,确定各端口的电磁干扰概率函数或电磁兼容性概率函数,将成为基于统计特征系统评估的关键。

11.4.4　评估准则应用指南

针对待评估系统的具体情况,从不同层面、运用不同准则,可较为全面、有效地反映其真实的电磁环境适应能力。图 11-6 给出了几类电磁环境效应评估准则及其应用范围。

式(11-17)给出的系统评估准则,是从宏观的角度或"最坏条件"情况下对系统进行的评价,反映了武器装备系统可能遭受到的最大电磁干扰"包络"。对于像小型战术无人机这样的环境适应性评估,因其预期环境复杂且较为恶劣,确定电磁效应端口十分困难,采用该准则较为适合。但同时需注意:由于没有充分考虑具体装载设备的性能,以此作为系统设计依据,有可能会造成系统的"过设计";从保证系统安全的角度看却十分必要。

对于电磁效应端口明确的系统,或利用系统评估准则出现干扰的情况,应针对主要电磁效应端口,依据式(11-22)至式(11-24)所给性能评估准则作进一步评估。性能评估准则充分考虑了接收端口和干扰的特性,通过检验端口的

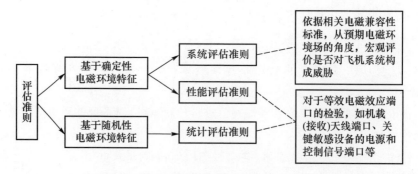

图 11 - 6　电磁环境效应评估准则分类

总干扰余量和可能的综合性能状态,评价关键设备的适应能力,从而反映出系统较为真实的能力,尤其对于瞬态性干扰的适应能力。对无人机而言,通常情况下,机载(接收)天线端口、关键敏感设备的电源和控制信号端口等,都应是进一步评价的重点;对于具有屏蔽特性的金属外蒙皮结构无人机(如高空战略无人机),几乎可以认定机载(接收)天线端口是其最主要的外界耦合途径,因而对其分析的重点应是依据性能准则,对接收天线终端设备进行检验。

　　式(11 - 35)所给的基于统计特征的评估准则,是针对电磁环境的随机性本质,利用信号、干扰和敏感设备(端口)的概率统计特性,从统计的角度分析系统和环境的相互作用,检验系统在给定信号条件下的电磁兼容性概率,它可以较为真实、客观地评价无人机电磁环境适应能力的高低。

第 12 章　电磁兼容工程管理

本书前面的章节讨论了无人机电磁兼容问题和各种电磁兼容分析、设计和测量试验方法。本章讨论一个重要但经常被忽视的问题,即电磁兼容工程管理。对于电磁兼容工程人员,尤其是科研管理或项目管理的人员,应尽早树立电磁兼容工程的科学管理观念,确立电磁兼容工程管理在研制过程中应有的地位,以期最合理、最经济、最有效地达到和确保系统在一定的电磁环境中可靠地工作。

本章将从电磁兼容工程管理的内容入手,较为详细地介绍新品研制时在整个寿命周期中如何进行电磁兼容质量控制,特别强调电磁兼容工程管理如何与工程技术同步进行。

12.1　工程管理在工程项目中的地位及其必要性

电磁兼容性工程管理在系统项目中之所以必要,原因在于以下几点。

1）系统工程的复杂性

就无人机系统而言,它涉及许多分系统,包括飞行器系统、动力系统、任务载荷系统、地面控制与信号处理系统、综合无线电测控定位数据传输系统、机载飞行控制系统、机载传感器系统和电源系统等,这些系统的研发分布在全国各个单位,因此必须从整体而不是从局部的观点来组织、安排和协调无人机系统的研制。

2）电磁兼容工程的多科性

电磁兼容工程本身涉及的面就十分广泛,并带有综合性。工程中的电磁兼容问题,绝不是一个学科、一个部门所能解决的,而是需要多个部门的协同才能完成。基于这个原因,组织管理工作对于保证工程任务的完成就显得更为突出。

3）科学管理的需要

在整个工程项目中必须有效地使用 4 个"M",即"人员"(Man)、"机器设备"(Machine)、"材料"(Material)和"资金"(Money)。采用"软件"管理的办法为工程(硬件)提供决策、计划、方案、程序、协调以及实现最佳的设计、控制和管理,即多、快、好、省地完成工程项目。

12.2　电磁兼容工程管理内容

电磁兼容工程管理应从整个系统、分系统和设备的性能要求、研制经费和研制进度 3 个方面权衡,用文件和标准对工程进行监督、协调、检查和决策。它是为电磁兼容控制服务的,最后达到整个系统、分系统和设备满足动态可靠性的要求。

电磁兼容工程管理的内容如图 12-1 所示。

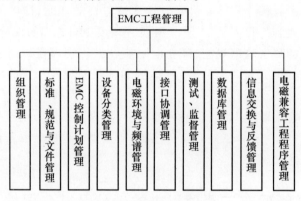

图 12-1　EMC 工程管理

现分述如下:

1) 组织管理

落实 EMC 管理层的组织机构,成立电磁兼容咨询委员会(或领导小组),成员应由系统的副总设计师、总质量师、电磁兼容(主任)设计师(也可吸收军方代表)等组成,应保证一定的权威性,有权参与、协调制订各种推荐书、协议书和制定指导性文件。

作为型号的 EMC 主任设计师其职责如下:

(1) 进行 EMC 教育,改变设计观念。使设计人员懂得,EMC 设计与每个硬件、软件设计人员紧密相关,参与人员都在自觉、不自觉地进行 EMC 设计工作。

(2) 编辑有关文件,将精选的信息传递给各设计室,将 EMC 设计的成功经验进行剖析、介绍,组织座谈会进行交流。

(3) 系统设计、管理和监督。依据工程进度的不同阶段,提出 EMC 不同的工作内容,不断地相互协调,以保证型号研制的 EMC 性能。

咨询委员会的任务为:确定系统、分系统与设计的电磁兼容研制计划,监督计划进度,组织设计检查与阶段性摸底测试。管理系统电磁兼容计划、记载研制过程中的情况、协调解决电磁兼容问题及形成最后的管理文件。

2）标准、规范与文件管理

《中华人民共和国标准化法》纲要中明确规定："强制性标准一经批准发布，各级生产、建设、科研、设计、经销主管部门和企业事业组织，都必须严格贯彻执行。""新产品和新工程设计、鉴定和定型，老产品的整顿和改型，要充分考虑标准化的要求，必须经标准化机构审查同意，方可投产或施工。"在电磁兼容工程中不论是电磁兼容管理、设计与控制、测试与监督或评价与处理均应按照标准、规范与文件来处理。

管理的职责是：审查各个工程阶段对设备分系统和系统所选择的应用标准规范与文件是否合理，监督与了解实施情况。当然也允许应用和修改标准与规范，甚至创造条件制定有关标准。

3）电磁兼容控制计划管理

其主要进行电磁兼容性设计与实施审查。它可以由采购单位和系统承包商共同负责，定期进行，并对为实现电磁干扰控制计划中规定的任务目标而做的电磁兼容性工作做出评价。

在审查时，主要着眼总系统的效能，要仔细审查各种电磁兼容控制措施是否得当，是否符合系统性能要求和系统可靠性规范要求。这种审查往往能发现系统总的方面的弱点，根据这种审查，可提出系统或系统配置的修改建议，从而保证兼容性。

4）设备分类管理

凡安装在系统内或与系统有关的所有分系统或设备，根据对电磁兼容的影响进行分类。

一般分为以下三类。

第一类：电磁兼容问题会危及生命及引起系统不能正常工作。

第二类：电磁兼容问题会有害人体及影响系统工作。

第三类：电磁兼容问题会使人烦恼和降低系统有效性。

这种分类的目的在于：一方面明确各设备在电磁兼容工作中的主次地位；另一方面为建立系统电磁兼容安全裕度做好准备。这种分类通过对系统和分系统摸底测试确定，有可能调整。

5）电磁环境与频谱管理

该项管理应从以下几方面进行。

（1）应了解并限制系统设备本身的电磁干扰。

（2）应充分了解本系统机载与地面设备的电磁环境条件。

（3）应了解使用环境中外界的电磁环境。

（4）应将干扰区分为自然干扰、人为干扰和工程自身产生干扰。

（5）设备安装位置。

在电磁环境中,不仅要进行频谱管理,而且应当了解有关设备的电性能特性。

只有了解到电磁环境的基本数据,才能从事电磁兼容工程设计,研究设备在特定电磁环境中的生存能力。

6)接口协调管理

信号接口(包括接插件)是干扰发射最易进出各个黑箱的部位,为了保证设备与设备之间、分系统与分系统之间的连接符合电磁兼容要求,往往在参数选择、接口工艺装配、接口所用电缆和接插件等方面进行协调与决策。接口的不兼容问题往往在分系统之间联调时容易暴露。

7)测试监督管理

测试是发现电磁兼容问题的最主要环节,大约有 80% 的电磁兼容故障是通过测试试验暴露出来的。

测试管理主要通过制订电磁干扰试验计划来实现的。该计划应包括设备的电磁干扰试验、分系统或局部系统的电磁干扰试验、全机系统的电磁干扰试验。

在测试管理中还应解决的问题有:制定统一的测试标准,确定测试部件及项目,根据不同的研制阶段确定测试计划,以及测试结果的数据处理,试验评价,分析综合与修正,提供处理意见(其中包括性能降低准则)。

8)数据库管理系统

在电磁兼容工程管理中最好建立一个系统的电磁兼容数据库管理系统,建库目的在于以下方面。

(1)掌握和了解电磁兼容管理程序和进展情况。

(2)了解电磁兼容控制和设计状况。

(3)检查与监督电磁兼容测试情况与试验情况。

(4)交流和总结成功与失败的经验与教训。

(5)储存有关管理信息,便于设计师系统或咨询委员会(或小组)对电磁兼容工作的决策。

该数据库内容可以包括电磁兼容工程管理的 9 个方面。

9)信息交换与反馈管理

该项管理工作主要起系统电磁兼容的信息交换作用(内部)和用户试用后的反馈作用(外部)。这样做使工程管理形成一个闭环,使系统的电磁兼容工作不断充实,日臻完善。

10)电磁兼容工程程序管理

相当于工程管理中的综合性管理,制订工程管理的流程图。按流程图监督实施情况,并不断完善这种管理体系,保证工程项目中电磁兼容工作的完成。

12.3　产品寿命周期中的电磁兼容质量控制

一个产品的寿命周期,是指产品从酝酿开始到退出市场(武器装备退役)的整个时间。按照从《常规武器研制工作程序》的阶段划分可分为 5 个阶段,即战术指标论证、方案、工程研制、设计定型、生产与使用阶段。当然,国内各工业部门因特点不同会有所差异,但大体上还是相同的。电磁兼容的质量必须在各个阶段进行控制,才能保证电磁兼容工作在全寿命周期中的完整性。

下面将介绍采用全面质量控制系统图(Total Quality Control System Diagram, TQCSD)的方法,把工程管理和工程技术融合为一体,解决武器装备在寿命周期期间各个阶段的质量控制中所遇到的问题。

首先简单介绍什么叫 TQCSD 图。其基本原理:要达到预期的目标,就必须采取手段,要实现这一级的手段,又必须采取下一级的手段,这样上一级的手段就成为下一级的目标,如此展开下去,直至可以达到目标,如图 12-2 所示。

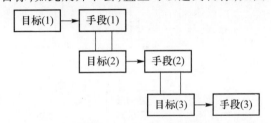

图 12-2　TQCSD 基本原理

图中的目标(1)为要达到的目标,应采用手段(1),该手段(1)就成为目标(2),要达到目标(2),则应采用手段(2),该手段(2)就成为目标(3)……这样展开下去,直到产品达到目标(1)为止。

当然手段可以有几种,而且每个手段可以设子手段,在下面具体介绍时还会提到。

1) 论证阶段的工作

前面讲过在型号或装备的研制中对电磁兼容质量的控制,应在工程管理和工程技术方面同步进行很多的研制工作。在论证阶段中的活动见图 12-3。

(1) 该阶段的控制目标:根据用户要求提出的型号技术性能,确定电磁环境对型号设计的要求。

(2) 电磁环境用图 12-4 所示的参数描述,该图为 12-3 的子手段。电磁环境的数据应根据用户提出的产品任务剖面进行调查。采用查找资料、实际测量等手段,获得电磁环境的有关数据。当然,应当考虑武器装备在寿命周期各阶段中,预计遭遇到的最恶劣的电磁环境,作为装备研制电磁兼容工作的依据。

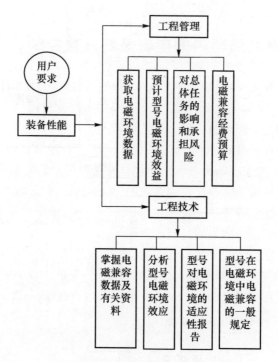

图 12 – 3　论证阶段的内容

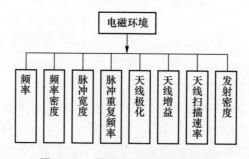

图 12 – 4　描述电磁环境的子手段

　　（3）与下一阶段（方案阶段）的衔接关系。本阶段提出了装备应适应的电磁环境,下一阶段按照规定的电磁环境,提出装备电磁兼容研制方案。

　　2）方案研制阶段的工作

　　本阶段的工作见图 12 – 5。

　　（1）控制目标是采用图 12 – 5 中的工程管理和工程技术方面的手段,制订一套完整的电磁兼容质量控制方案。

　　（2）控制手段。

　　① 建立健全电磁兼容的管理机构,其中包括咨询机构和设计专业组。

　　② 编发文件,图 12 – 5 要求编发的文件是下一阶段工程研制的依据。

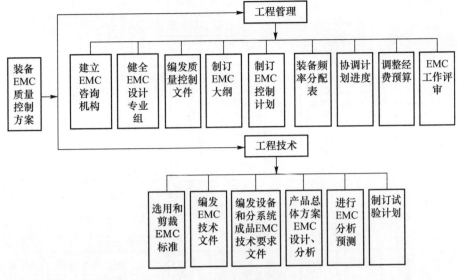

图 12 - 5　方案研制阶段内容

③ 有关管理和技术手段应有充分的论证,说明是正确、必要和切实可行的。

④ 对电磁兼容进行分析预测,是质量保证的重要手段。在进行预测时,应集中精力确定设备电磁干扰的输出特性和敏感接收设备的敏感特性及其耦合途径。

(3) 与工程研制阶段的衔接关系。本阶段最终提出型号的电磁兼容研制方案,下阶段的目标就是在型号的结构硬件中全面实施方案。

3) 工程研制阶段的工作

本阶段的电磁兼容工作见图 12 - 6。

(1) 控制目标是全面实施电磁兼容质量控制方案,把电磁兼容的质量要求设计到产品结构硬件中。

(2) 控制手段。产品系统的电磁兼容质量控制见图 12 - 7,它是图 12 - 6 中的综合控制技术应用的子手段。当然不是所有产品都要进行图中的 15 项控制技术。

① 设备与分系统电磁兼容质量控制是指协作单位所提供的成品必须通过电磁兼容测试,满足系统对它们的电磁兼容要求,这是系统兼容的基础。

② 电磁兼容试验是指进行模拟试验或实测,用以发现问题、排除故障和完善设计。系统做出来后,应进行全系统电磁兼容试验,检查是否达到设计要求和设计指标,如有问题应进行设计改进。

(3) 与定型阶段的衔接关系。应将本阶段研制出来的产品(或装备),按定型阶段的控制内容进行全面确认,证实满足设计要求和设计指标。

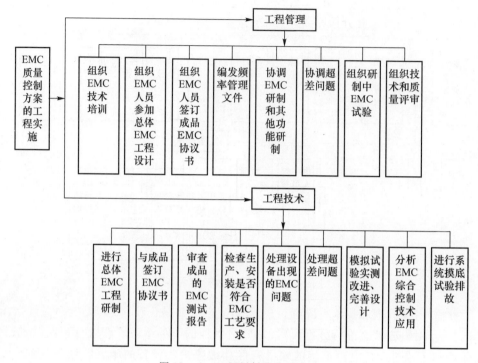

图 12 - 6 工程研制阶段的内容

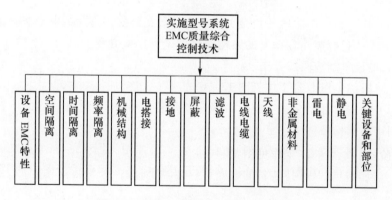

图 12 - 7 EMC质量综合控制系统框图

4）定型阶段的工作

本阶段的电磁兼容工作见图 12 - 8。

（1）控制目标是确认装备是否满足设计要求和设计指标。

（2）控制手段：

① 定型试验。在系统设备齐全，单台设备按专用技术条件工作的前提下，按批准的电磁兼容定型试验大纲进行试验。

试验中,工程管理人员、工程技术人员、工程质量管理部门都应到齐,严把关口。若有问题要及时分析原因并处理。

② 全系统试验。

（3）与生产使用阶段的衔接关系。本阶段应提供满足电磁兼容要求和指标的定型图纸。

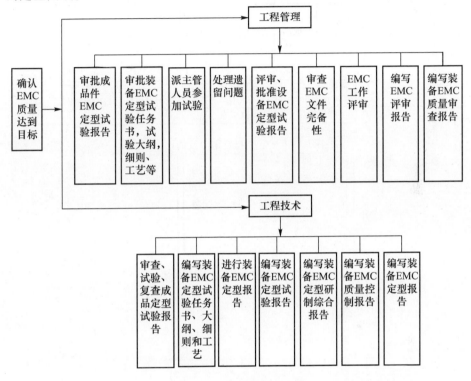

图 12 - 8　定型阶段的内容

5）生产和使用阶段的工作

本阶段的电磁兼容工作见图 12 - 9。

（1）控制目标是保持装备的电磁兼容性的质量。

（2）控制手段:

① 在装备的生产和使用中,充分发挥信息反馈系统的作用,使生产、使用和维修时严格按照电磁兼容的规定。

② 对装备定期进行电磁兼容性能检查。

③ 对使用中出现的问题要及时处理。

上述产品寿命周期中的质量控制方法有以下几点说明。

① 各个阶段电磁兼容工作内容必须通过质量管理部门的审查和批准。

② 阶段的划分和各阶段的内容要根据装备的特点和复杂程度进行调整。

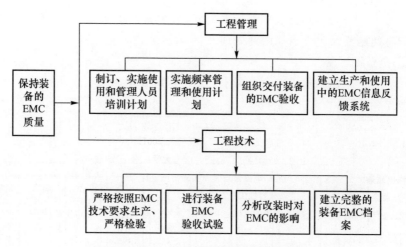

图 12 -9　生产和使用阶段的内容

参 考 文 献

[1] 高攸纲. 电磁兼容总论[M]. 北京:北京邮电大学出版社,2001.

[2] 邱焱,肖霁. 电磁兼容标准与认证[M]. 北京:北京邮电大学出版社,2002.

[3] 全国电磁兼容标准化技术委员会. 电磁兼容标准实施指南[M]. 北京:中国标准出版社,1999.

[4] 陈穷,蒋全兴,周开基,等. 电磁兼容性工程设计手册[M]. 北京:国防工业出版社,1993.

[5] 区健昌,林守霖,吕英华. 电子设备的电磁兼容性设计[M]. 北京:电子工业出版社,2003.

[6] 龚海明,余振醒,郑鹏洲. 静电敏感的电子元器件防静电研究[J]. 可靠性工程,2003(1):27-32.

[7] 金烈元,等. 军用标准化基础[M]. 北京:国防工业出版社,1995.

[8] MONTROSE M L. 电磁兼容和印刷电路板理论、设计和布线[M].刘元安,李书芳,高攸纲,译. 北京:
人民邮电出版社,2002.

[9] 郑军奇. 电子产品设计 EMC 风险评估[M]. 北京:电子工业出版业,2008.

[10] 区健昌. EMI 滤波器和开关电源防护设计(续)[J]. 安全与电磁兼容,2002(3):32-34、37.

[11] Tihanyi L. Electromagnetic Compatibility in power Electronics[M]. New York:IEEE press,1994.

[12] Ozenhaugh R L. EMI Filter Design[M]. New York:Marcel Dckker inc,1996.

[13] Su H L,Lin K H. Computer-aided Design of Power Line Filters With a Low Cost Common and Differential-
mode Noise Diagnostic Circuit[C]:IEEE International Symposium on Electromagnetic Compatibility, Jeju
Island,Korea, 2001, 511-516.

[14] 毛楠,孙瑛. 电子电路抗干扰实用技术[M]. 北京:国防工业出版社,1996.

[15] 赖祖武. 电磁干扰防护与电磁兼容[M]. 北京:原子能出版社,1993.

[16] 川濑太郎. 接地技术与接地系统[M]. 冯允平,译. 北京:北京科学技术出版社,2001.

[17] 麦迪圭安. 电磁干扰排查及故障解决的电磁兼容技术[M]. 刘萍,魏东兴,译. 北京:机械工业出版
社,2002.

[18] 蒋全兴. 对大型屏蔽室接地的一些看法[J]. 安全与电磁兼容,1996(4):8+37.

[19] 李世林,郭汀. 电工电子基础标准应用手册[M]. 北京:中国电力出版社,2002.

[20] 周壁华,陈彬,石立华. 电磁脉冲及其工程防护[M]. 北京:国防工业出版社,2003.

[21] 陈淑凤,马蔚宇,马晓庆. 电磁兼容试验技术[M]. 北京:北京邮电大学出版社,2001.

[22] 湖北电磁兼容学会. 电磁兼容性原理及应用[M]. 北京:国防工业出版社,1996.

[23] 白同云,赵姚同. 电磁干扰与兼容[M]. 长沙:国防科技大学出版社,1991.

[24] 刘鹏程,邱杨. 电磁兼容原理及技术[M]. 北京:高等教育出版社,1993.

[25] 李金海. 误差理论与测量不确定度评定[M]. 北京:中国计量出版社,2003.

[26] 孟庆玲. 抗恶劣环境飞行控制与管理计算机电磁兼容性(EMC)设计[J]. 光子学报,1996,25(10):
939-944.

[27] 庞姬,杨中海,沈庚麟. 30~1000MHz 电场辐射干扰测试中测量不确定度的评估方法[J]. 安全与
电磁兼容,2004(3):28-30.

[28] 金建铭. 电磁场有限元方法[M]. 西安:西安电子科技大学,1997.

［29］高本庆. 时域有限差分法 FDTD Method［M］. 北京:国防工业出版社,1995.

［30］葛德彪,阎玉波. 电磁波时域有限差分方法［M］. 西安:西安电子科技大学,2002.

［31］盛新庆. 计算电磁学要论［M］. 北京:科学出版社,2004.

［32］王国玉,肖顺平,汪连栋. 电子系统建模仿真与评估［M］. 北京:国防科技大学出版社,1999.

［33］宋祖勋,俞卞章,叶烽. 无人机频率配置的兼容性研究［J］. 电波科学学报,2001,16(4): 529 - 533.

［34］宋祖勋,俞卞章. 无人机系统的电磁环境效应分析［J］. 系统工程与电子技术,2003,25(9): 1108 - 1112.

［35］宋祖勋,俞卞章,叶烽. 基于环境适应性的无人机电磁仿真技术研究［J］. 系统仿真学报,2003,15(3): 433 - 436.

［36］宋祖勋,俞卞章. 无人机电磁环境效应评估及其准则研究［J］. 系统仿真学报,2004,16(12):2801 - 2804 + 2808.

［37］严义君. 集群电子设备电磁兼容性评估方法［J］. 电子科技大学学报, 2001,30(3): 245 - 249.

［38］Brockel K H, Major P A, Cofield D W, et al. CECOM Application of E3. A Process Focused on Owning the Spectrum［C］. Military Communications Conference, Anaheim,CA,USA,2002,945 - 949.

［39］Primak S, LoVetri J. On the Statistics of a Sum of Harmonic Waveforms［J］. IEEE Trans. on EMC, 2002, 44 (1):266 - 271.

［40］Holland R, Jone R H S. Statistical EM Field Models in an Externally Illuminated, Overmoded Cavity［J］. IEEE Transaction on EMC, 2001,43(1): 56 - 66.

［41］Sengupta M S,Deb G K. Modelling and Prediction of EMI Coupling Through Antennas Mounted on a Cylindrical Body［C］. 1997 Proceedings of International Symposium on Electromagnetic Compatibility, Beijing, 1997, 162 - 166.

［42］Jennings N. EMC Modeling of Cable Installations［C］. IEE Colloquium on EMC and the Motor Vehicle, London, UK, 1992, 4/1 - 4/9.

［43］Javor K. On Field - To - Wire Coupling Versus Conducted Injection Techniques［C］. International Symposium on Electromagnetic Compatibility, Austin, TX, 1997, 479 - 487.

［44］Trout D H. Investigation of the Bulk Current Injection Technique by Comparison to Induced Currents from Radiated Electromagnetic Fields［C］. Proceedings of Symposium on Electromagnetic Compatibility, Santa Clara, CA, 1996, 412 - 417.